地面三维激光扫描技术应用理论与实践

赵志祥　董秀军　吕宝雄　等◎著

U0238124

中国水利水电出版社

www.waterpub.com.cn

·北京·

内 容 提 要

本书是地面三维激光扫描技术应用理论与实践方面的专著，全书系统阐述了三维激光扫描技术的地质勘察、工程测绘等在水利水电、交通建设、防灾减灾等行业实践中的综合应用成果。书中以"应用理论→技术方法→工程实践"为框架，采用点云分类、数据处理、模型构建等手段和方法，主要针对三维激光扫描在地质结构面产状解译、工程测绘、地质编录、变形监测等方面进行应用实例的叙述，系统总结了三维激光扫描工程实践中的经验体会和技术方法，丰富了这一新设备、新方法、新技术的理论研究水平。

本书属基础应用研究领域，有较强的实用性，可供工程地质勘察与地质灾害调查等相关专业技术人员参考使用，也可供高等院校相关专业的本科及研究生学习参考。

图书在版编目（CIP）数据

地面三维激光扫描技术应用理论与实践 ／ 赵志祥 等著. —— 北京 ： 中国水利水电出版社，2019.9(2024.1重印)
ISBN 978-7-5170-8018-3

Ⅰ．①地… Ⅱ．①赵… Ⅲ．①三维－激光扫描－研究 Ⅳ．①TN249

中国版本图书馆CIP数据核字(2019)第207783号

书　　　名	**地面三维激光扫描技术应用理论与实践** DIMIAN SANWEI JIGUANG SAOMIAO JISHU YINGYONG LILUN YU SHIJIAN	
作　　　者	赵志祥　董秀军　吕宝雄　等 著	
出 版 发 行	中国水利水电出版社 （北京市海淀区玉渊潭南路 1 号 D 座　　100038） 网址：www. waterpub. com. cn E - mail：sales@mwr. gov. cn 电话：(010) 68545888（营销中心）	
经　　　售	北京科水图书销售有限公司 电话：(010) 68545874、63202643 全国各地新华书店和相关出版物销售网点	
排　　　版	中国水利水电出版社微机排版中心	
印　　　刷	北京中献拓方科技发展有限公司	
规　　　格	184mm×260mm　16 开本　15.25 印张　325 千字	
版　　　次	2019 年 9 月第 1 版　2024 年 1 月第 2 次印刷	
定　　　价	**118.00** 元	

前言

FOREWORD

　　三维激光扫描技术是 21 世纪初在我国兴起的一项新技术，它的出现改变了传统工程勘察中的工程测量、地质测绘以及地质灾害调查等技术方法，突破传统单点测绘方式，是一种快速、非接触、高精度和高密度获得逼近表面真实模型的全新技术，已经成为三维空间信息数据获取的主要技术手段之一。这一技术因兼具多种优势而风靡全球，且其应用的广度和深度也都是前所未有的，尤其对我国高山峡谷地区的大型水利水电工程项目的勘察、地质灾害调查及应急抢险救灾等发挥了巨大的作用。

　　国内外曾出版过不少关于这方面的文献，其中大多数偏于理论方面，理论与实践结合性不强；新近的文章和书籍虽然不少，但其在工程勘测、灾害调查等领域的应用内容分散、各有侧重点，一些新颖的观点尚未全面反映和体现。鉴于此，编写一部内容新颖并具有理论意义和工程背景的地面三维激光扫描应用理论与实践方面的专著是有必要的。

　　本书重点介绍地面三维激光扫描技术理论与工程实践，既有基础研究又有实际应用。依托中国电建集团西北勘测设计研究院有限公司、成都理工大学等单位近年来在西藏、青海、云南、四川、新疆、陕西、贵州、重庆、甘肃等 50 余项工程和应急抢险救灾应用实例，采用点云分类、数据处理、建构模型等手段和方法，在地质结构面产状解译、地质测绘、地形图与平立剖面图测制、体积计算、地质灾害调查、地下洞室地质编录、变形监测等方面系统总结了三维激光扫描工程实践中的经验体会和技术方法，丰富了这一新设备、新方法的理论研究水平，以期指导类似工程项目的生产实践，提高我国工程勘察及地质灾害调查技术成果水平。

　　本书在全面系统叙述地面三维激光扫描技术等内容的基础上，以"应用理论→技术方法→工程实践"为主线，针对三维激光扫描应用的新技术、新方法、新理论，结合工程应用实例进行系统的归纳总结与分析研究，旨在完善并提高三维激光扫描技术的方法及理论深度，提升该技术的操作能力和应用水平。

本书共 10 章。第 1 章系统总结了三维激光扫描技术在国内外的发展成就及技术特点，将该技术与传统单点测绘技术和摄影测量技术进行了对比分析；第 2 章从设备组成到基本工作原理，对扫描仪硬件设备按照工作原理进行了分类，详细归纳了国内外最新地面扫描设备的主要技术指标，探讨了地面三维激光扫描精度及误差分析；第 3 章结合水利水电工程现场勘察工作特点，全面阐述了三维激光扫描点云数据现场获取的技术方法；第 4 章研究三维激光点云数据后处理技术方法，并讨论了每一作业环节的应用要点；第 5 章介绍了地面三维激光扫描测量技术及应用，包括基于高密度点云地形图与平、立、横剖面图绘制、数字地形模型构建原理与方法、表面积及体积的计算方法，并介绍了相关实践应用实例；第 6 章论述了地质测绘中特征点与地质界线的识别与提取，几何尺寸量测和精细断面获取方法，地质结构面产状解译原理及方法，地质测绘及编录中的应用方法；第 7 章主要对危岩体、滑坡、泥石流调查方法进行了介绍，对水利水电工程坝址区地质测绘、开挖高边坡和基坑地质编录等技术的要点进行了系统阐述；第 8 章主要包括岩芯扫描编录技术、大断面地下洞室地质编录技术、隧洞围岩变形调查、坍塌空腔等地质调查技术及方法；第 9 章主要介绍地面三维激光扫描监测新技术及应用，总结了监测优势与差异，探讨了监测成果精度与点云数据的利用问题，提炼形成扫描监测体系技术，并通过工程实例进行说明；第 10 章对本书取得的主要成果及存在的问题进行了回顾，并对地面三维激光扫描技术的应用与发展方向提出了新的期望。

本书是集体智慧的结晶，由赵志祥、董秀军、吕宝雄等主持编写。中国电建集团西北勘测设计研究院有限公司和成都理工大学众多的专家、学者和工程技术人员参加了相关研究的综合测试和开发应用工作，结合工程的实际需要开展了相应的理论研究，取得了丰硕的成果。他们贡献了聪明才智，也付出了辛勤的劳动，在此向他们表示诚挚的谢意！在编写过程中，赵悦、刘潇敏查阅了大量的国外资料和文献，总结归纳了 30 多款不同扫描设备的参数、性能和适应性并进行了对比分析研究，充实了本书的研究内容；王小兵、冯秋丰、张群等认真分析了"海量"的各类扫描数据，对利用地面三维激光扫描系统进行野外数据获取技术和点云数据处理及分析，尤其是在野外数据获取的操作流程、数据管理、点云拼接、数据缩减、数据滤波和去噪、三维模型构建的步骤等方面进行了详细的描述；何朝阳在岩体结构面产状计算方面做了大量的研究工作；王有林、李常虎、杨贤、唐兴江在野外一线也做了大量基础性工作，同时在本书的编写过程中耗费了大量的时间，分析研究、归整并编撰了丰富的资料。在此一并向他们致以衷心的感谢。同时对所有被引用的文献作者表示感谢。

　　本书力求系统介绍三维激光扫描技术的新理论与新方法，这也是本书编写的初衷。现阶段，地面三维激光扫描设备硬件推陈出新较快，操作越来越便捷，各类分析软件层出不穷，加之编者知识水平和工程实践范围有限，书稿虽几经修改，其错误之处仍在所难免，诚挚欢迎广大读者批评指正。

作者

2019 年 1 月于西安

目录

CONTENTS

第 10 章 结论

第 1 章　绪论[*]

1.1　概述

在科学技术飞速发展、日新月异的当代，社会经济突飞猛进，人民生活水平逐步提高，社会发展对能源、交通提出了更高的需求，促使我国基础工程建设加速发展，继而出现了一些超大型工程，譬如大型水电水利枢纽工程、高速公路与铁路、特大跨桥梁、超长隧道群等，这些超级工程大多分布在地质条件较为复杂的高山峡谷之中。

工程地质前期勘察受山高坡陡、场地狭小、工作环境特殊和危险性高等外界因素限制，勘察工作充满了诸多艰难险阻，尤其是在获取诸如断层空间展布形态、位置、规模，覆盖层边界，滑坡和松动变形体规模，控制性结构面产状等大量地质勘察信息时存在困难。除此之外，在工程大规模施工建设期，对开挖的高陡人工边坡、高边墙大洞室等进行地质编录与验收时，常常存在施工任务重、工期紧等条件，以致出现一个工作面上开挖、支护、运渣等工序并行、交叉等情况。在如此复杂的施工环境和施工条件下，很难为工程地质人员留出足够的安全空间和充裕时间来开展细致的现场调查和测绘工作。以水电工程为例，水电站坝址区选址基本都处于高陡边坡环境中，大量的工程边坡开挖所揭露的岩体结构信息，对于高边坡的稳定性分析、评价乃至加固处理等具有十分重要的意义。

工程地质工作的一项重要内容就是对边坡岩体结构条件进行调查和描述。诸如黄河上游的玛尔挡水电站、拉西瓦水电站，怒江流域的罗拉、同卡、怒江桥水电站等，其坝址两岸的山体雄厚、边坡陡峻，坡高达数百米更有甚者达千余米。自然坡角陡倾，局部坡段甚至近直立。在这些水电工程边坡岩体结构的调查过程中，对区域

---

[*]　本章由赵志祥、董秀军主笔，吕宝雄校核。

1

性的、规模较大的构造面（层）、地层分界面重视的同时，也特别注重小规模结构面对边坡工程特性的影响和作用。实际上真正决定边坡岩体结构类型的往往是这种小规模的不同类型结构面，所以全面、准确地掌握这类结构面的分布特征、发育状态及其空间组合情况，是岩质高边坡稳定性评价的重要基础资料。传统地质勘察中，进行地质测绘、地形图测量及地质灾害的判识等时，因山高坡陡致使作业人员难以抵达作业区获取重要的基础数据，同时存在人身安全隐患等而无法开展正常工作。比如规划设计中的西藏怒江流域的巨型水电站工程，因岸坡高陡、地质灾害规模巨大、地质人员难以抵近、地形及地质测量工作难以开展等窘境，给地质灾害的调查、稳定性分析带来了困难和极大挑战。

我国是地质灾害发生十分频繁和严重的国家。剧烈的地质构造活动孕育了起伏多变的地形地貌形态。以西南山区为例，青藏高原的迅速隆升，使得高山峡谷地貌发育，河谷深切、谷坡高陡，西南山区高数百米甚至千余米的陡坡并不鲜见。持续的地球板块动力作用形成了强烈的新构造活动，这些能量巨大的地球内部动力形成了我国的地势轮廓和地壳板块内部的应力分布，从而也形成了我国地质灾害频发、分布范围广泛、种类繁多的特点。我国陆地面积约 960 万 km^2，其中 70% 以上为山地，这些山地具有复杂多样的地形地貌条件。根据我国地质灾害的空间分布规律不难发现，灾害主要分布在第一、第二阶梯区域内，尤其是这两个阶梯之间的过渡地带发育最为密集；这些区域长期处于地壳上隆过程之中，新构造活动强烈，地区降水量和强度较大，部分地区植被不发育，因而地质灾害的发生往往规模巨大，尤其在江河上，容易发生堵江、堵河而形成堰塞湖，造成严重的地质灾害链效应。已有数据显示，在这一区域范围内每千平方千米内的地质灾害点为 30～100 个，局部地区甚至灾害点密度更大。

地质灾害的发生往往都具有一定的突发性和巨大的破坏性，尤其在山区人口密集地段，给广大人民的生命、财产安全造成重大威胁，很大程度上制约了国民经济的快速发展。当灾害发生时，快速、准确地查明灾害体的地质条件、规模、范围、发生机理等基本情况，可为应急抢险争取宝贵的时间，为科学制定救灾对策提供重要依据。

所有这些在工程建设、地质灾害调查、抢险救灾中遇到的困难，都对传统地质勘测、调查手段提出了严峻的挑战。事实表明，传统的地质勘测、调查方法已不能完全满足现今工程建设快速发展的需要，抢险救灾中也需要引进快速、高效并且对复杂地形条件有极强适应性的新设备、新技术、新方法。

针对这一系列难题，国内外学者早已注意到这些问题及解决需求的存在。在此背景下，随着三维激光扫描技术的不断成熟与完善，为解决上述难题提供了一种新的思路和技术手段。三维激光扫描技术是一种先进的全自动、无接触、高精度立体扫描技术，又称为"实景复制技术"，能够获取目标物体表面空间几何特征，实现远距离、无接触测量，无需对目标体进行任何处理便可以高精度、高密度获取三维点坐标数据,整个过程方便快捷。基于上述方面,三维激光扫描技术的诞生改变了传统的地质测绘方式,可准确、快速地实现大场景三维数据采集,同时能快速实现结构复杂、不规则场景三维模型的建立与重构,既省时又省力。这种优势是现有的"罗盘＋地质锤＋皮尺"＋全站仪(或 GNSS)的传统测绘调查手段所无法比拟的。另外,三维激光扫描技术不同于单纯的测绘技术,其最大的特点就是突破了传统的单点测量方法,是真正实现了精度高、速度快、逼近真实模型的三维空间获取技术,已成为广大地区勘察人员一种获取空间数据的全新作业方法与技术手段。

1.2 三维激光扫描技术发展与成就

1.2.1 三维激光扫描技术发展

三维激光扫描技术的产生可以追溯到 20 世纪中叶,在 20 世纪末真正进入实用阶段,其作为一种先进的测量技术,一经问世便受到了极大的关注。其独特的技术性能使得它在多个行业领域都有应用,发展推广速度迅猛。因各行业应用环境及领域关注的重点不同,对激光设备的搭载平台也各不相同,在满足行业领域应用需要的同时,逐渐演化形成了以激光扫描设备不同载体为平台的作业模式,包括地面固定站的静态条件模式、地表移动平台(车辆、船载)的移动激光雷达、手持激光雷达、空中搭载飞行器平台的机载激光雷达等,难以一一列举。

以地面三维激光扫描仪为例,其应用行业主要有测绘、水电水利、交通、矿山、建筑、林业等,应用领域主要集中在工程测量、工程地质勘察、抢险救灾、城市规划、逆向等方面,内容包括地形测量、地质测绘、地质灾害调查、文物保护、安全监测以及其他拓展应用等。

1.2.2 三维激光扫描技术成就

在工程地质领域,国内外众多的科研、生产单位利用三维激光扫描技术取得了丰硕的研究成果和宝贵的应用经验。如中国电建集团西北勘测设计研究院有限公司联合成都理工大学利用地面三维激光扫描仪在西藏怒江流域、黄河拉西瓦与玛尔挡、金沙江鲁地拉、大渡河金川等多项大型水电工程项目中进行了深入的地质勘察研究应用,研发了点云数据地质结构面产状解译软件、数据格式存储及转换软件;在地形测量精度论证、3D 产品的制作、变形监测、地质测绘编录、三维地质建模软件开发与应用等方面做了大量的探索研究,取得了较为可喜的成绩。在实践中,总结了现场机位选点、架设、标靶设立、盲区的补充与补偿等技术方法;研究了不同比例尺地形图的生成技术和方法,三维地质图辅助设计与应用,滑边坡和隧道变形观测、地质灾害的调查,以及三维激光扫描技术的拓展应用等方面,均取得了宝贵的实践经验。赵志祥、吕宝雄、董秀军等结合《地质灾害地面三维激光扫描监测技术规程

（试行）》（T/CAGHP 018—2018）编制要求，针对青海某灾害变形体进行了长达 6 年的持续监测研究工作，这些监测成果为判定该变形体的边界条件、掌握滑动方向、预测滑坡发生时间以及预测崩滑失稳危及影响范围提供了数据基础，技术上突破了传统监测方法的限制，实现了多参数与多测点监测目的，真正意义上满足了全场景高精度、无接触、长距离、快速获取位移信息的要求。

多年来，西北勘测设计研究院有限公司成都理工大学基于三维激光扫描技术，以金沙江鲁地拉水电站、铜川龙潭水库拱肩槽开挖边坡为研究对象，开展了为期近两年的现场工作，对岩体结构快速地质编录方法进行了大量的研究工作，提出了利用外置数码照片与点云拟合综合编录的方法。另外，在高陡边坡快速地质调查及危岩体调查方面也取得了一定研究成果。

浙江华东测绘有限公司的龚建江等在锦屏二级水电站引水隧洞工程中，通过对引水洞绿片岩段进行扫描并建模来获取隧洞断面数据，使之能有效用于隧洞开挖形态与稳定安全评估。

北京林业大学的岳德鹏、陈晓雪等对边坡位移监测结合激光扫描技术进行了研究，在露天矿坑边坡进行六个周期的连续监测，为该边坡的安全运行提供了技术支撑。

荷兰国际地理信息科学和地球观测学院的 Slob 和 Hack、中国地质大学（北京）的徐能雄、施星波等均相继开展了基于三维激光扫描点云岩体结构面数据自动识别的技术方法研究，基本实现了结构面较规整、出露面明显、地形情况较简单条件下的识别技术。

法国的 Brodu 和新西兰的 Lague 共同提出了三维点云多尺度维度的概念，并系统地讨论了基于点云数据多尺度维度进行点云分类原理与基本设想，为点云数据植被剔除的研究开拓了新的思路与方法。

中国水利水电科学研究院的刘昌军在结构面产状统计分析、植被剔除方法的研究中也做了大量的工作，并开发了相关的处理程序，成果较为显著。

1.3　三维激光扫描技术特点

三维激光扫描技术为空间数据获取提供了全新测量方法和手段，实现了数据采集方式从单点式到面式的变化。三维激光扫描技术具有如下特点：

（1）快速性。三维激光扫描测量能够快速获得大面积目标的空间信息，目前其扫描点采集速率最高可以达到 100 万 pts/s。应用激光扫描技术可以实现目标物体空间数据的快速采集，及时测定目标体表面的三维立体信息，便于三维数据的及时动态更新。

（2）非接触性。三维激光扫描仪采用完全非接触的方式对目标进行扫描测量，无需对扫描目标进行任何处理，获取实体的矢量化三维坐标数据，从目标实体到三维点云数据一次完成，可以解决危险领域的测量、柔性目标的测量、需要保护对象的测量以及人员难以到达位置的测量等工作。

（3）高密度。三维激光扫描仪采集的点云数据是大量的不规则离散点，点间距离可达毫米级，能真实地反映出目标体的细部特征。激光扫描采样点间距小而获取的点云密度大，连续接近真实表面，具有整体化概念。

（4）高精度。三维激光扫描仪在数据采集中因激光发散特性，并无明确的扫描单点目标，其单点位置具有随机性，采样点精度随扫描距离的增加而降低，中远距离激光扫描仪获取的点云数据，其单点定位精度一般为毫米至厘米级精度。

（5）激光的穿透性。激光利用光斑直径及多回波技术，具有一定的"穿透"特性，比如地表的植被，采用多次回波而穿透稀疏植被以期获得地面的真实高程信息。

（6）主动性。三维激光扫描仪主动发射光源，不需要外部光线，接收器通过探测自身发射的激光脉冲回射信号来描述目标信息，使得系统扫描测量不受时间和空间的限制。由于高速的主动发射和接收激光，使得物体的空间形态被快速完整的获取。

（7）数字化、自动化特性。三维激光扫描测量具有全数字特征，易于自动化显示输出，得到的"点云"图为包含采集点的三维坐标和颜色属性的数字文件，便于移植到其他系统中处理和使用，同时数据完全真实可靠。

1.4 与其他测量技术的区别

对于三维空间数据获取的手段归纳起来主要有传统单点测量、摄影测量和三维激光扫描测量三种方法，这三种方法从原理到操作各不相同，其采用不同传感器获取的空间数据特征对比见表1.1。

表1.1　　　　　　　　　　不同传感器三维空间数据特征对比表

特　性	传　感　器		
	三维激光扫描仪	数码相机摄影测量 （如数码相机）	单点测量 （如全站仪或 GNSS）
空间分辨率	高	高	无
空间覆盖度	好	较好	较好
强度/色彩	有限	好	无
照明设备	主动	被动	无
三维点密度	高	依靠纹理	随机
景深	高	高	无
数据获取过程	动态	间歇	离散
三维重建效率	中等	较高	低
纹理重建效率	有限	高	无
设备价格	高	低	中等

1.4.1　与单点测量的区别

单点采集空间坐标的方法主要有 GPS – RTK 和全站仪采集等。三维激光扫描技术与传统单点测量技术相比，三维激光扫描技术优势明显，存在的主要缺点是海量点云数据的高冗余、误差分布非线性、不完整等，给海量三维点云的智能化处理带来了极大的困难。

三维激光扫描技术与单点测量技术比较，其优劣势主要表现在以下几个方面：

（1）非接触全自动测量。扫描仪主动发射激光束，扫描目标表面无需进行任何处理；单点测量设备一般需要在测量点架设设备或者棱镜，即便免棱镜全站仪也要人为瞄准进行测量。

（2）三维测量点密度。激光扫描数据采集密度大，激光扫描能以高密度的方式获取反映物体表面真实的三维空间形态及细部特征，海量点云数据逼近三维原型，传统单点测量方法难以获取如此高密度的测量点。

（3）特征点定位测量。三维激光扫描不具有明确的合作目标，对于特征点需设置扫描标靶，扫描设备以最高精度识别扫描标靶中心点位置；而传统单点测量是在指定特征点的前提下进行测量。

（4）测量点速度。激光扫描测量速度快，最高采样点速率达到每秒百万点以上；传统单点测量方式测量效率较低，尤其在复杂场景条件下更为明显。

（5）工作条件要求。激光扫描设备主动发射激光进行扫描测量，可不需要外部光源配合；传统单点测量易受到光线、卫星信号等外部条件的影响。

（6）数据信息内容。激光扫描获取的三维数据信息丰富，数据中除三维坐标信息外，还包含激光强度信号或彩色信息，为目标的识别和分类提供了更多途径；传统单点测量只包含三维坐标信息。

（7）数据的拼接。大多数激光扫描仪无对中、定向定平装置、无法在已知控制点上设站，并且很难单站一次获取复杂场景的完整点云数据，需要通过进行多视角的点云数据获取和后续拼接与转换实现大地坐标统一；传统单点测量采用已知点设站，多站测量无需拼接即可实现坐标的统一。

（8）模型呈现。激光扫描能很容易对复杂对象模型结构进行识别；传统单点测量对复杂对象模型结构和语义特征表达困难，模型可用性严重受限，极大地限制了复杂场景的准确感知与认识。

1.4.2　与摄影测量技术的区别

三维激光扫描和摄影测量在数据成果上有许多相似之处，但由于两者工作原理的差异，它们在实际应用中也有不少差别。主要表现在以下方面：

（1）点云数据的获取方式不同。三维激光扫描得到的直接是三维坐标的点云，该点云无需再处理便可进行空间量测；摄影测量是基于数码照片重建三维点云数据，需要多幅不同视角的照片经大量的处理与计算后才可获得三维点云数据成果。

（2）坐标转换方式不同。三维激光扫描只有在大地坐标转换时需要进行控制点测量，也可以采用相对坐标；摄影测量往往需要做辅助的控制测量，用以进行三维点云数据的高精度重建。

（3）数据成果精度不同。三维激光扫描的点定位精度高于数字摄影测量中的解析精度，激光扫描数据精度分布均匀；摄影测量解析数据精度受光线、照片重叠率等因素影响，数据精度不均匀。

（4）环境条件要求不同。三维激光扫描技术是主动发生激光光源，几乎不受环境光线的影响；摄影测量则对环境光线、温度等都有一定的要求。

（5）彩色纹理实现方式不同。三维激光扫描技术由激光反射强度来匹配灰度信息，而彩色信息要通过配合数码照片进行匹配叠加到点云数据中，存在一定的误差；摄影测量数据成果是由照片像素点直接重建得到，因此色彩信息也是直接获取的。

（6）数据成果差异。三维激光扫描获取的是点云数据；摄影测量则可以获取正射影像、点云和网格模型数据。

第 2 章　三维激光扫描系统[*]

2.1　三维激光扫描系统组成及工作原理

2.1.1　三维激光扫描系统组成

三维激光扫描系统由三维激光扫描仪、双轴倾斜补偿传感器、电子罗盘、旋转云台、系统软件、数码全景照相机、电源以及附属设备组成。

（1）三维激光扫描仪主要包括三维激光扫描头、控制器、计算及存储设备组成（图2.1）。激光扫描头是一部精确的激光测距仪，由控制器控制激光测距和管理一组可以引导激光并以均匀角速度扫描的多边形反射棱镜组成。激光测距仪主动发射激光，同时接收由自然物表面反射的信号而进行测距，针对每一个扫描点可测得测站至扫描点的斜距，再配合扫描的水平和垂直方向角，可以得到每一扫描点与测站的空间相对坐标。

（2）双轴倾斜补偿传感器通过记录扫描仪的倾斜变化角度，在允许倾斜角度范围内实时进行补偿置平修正，使工作中的扫描仪始终保持在水平垂直的扫描状态。

（3）电子罗盘具有自动定北和指向零点的修正功能。

（4）旋转云台是保持扫描仪在水平和垂直任一方向上可固定并能旋转的支撑平台。

（5）系统软件一般包括随机点云数据操控获取软件、随机点云数据后处理软件或随机点云数据一体化软件。

（6）电源以及附属设备包括蓄电池、笔记本电脑等。

2.1.2　三维激光扫描系统测量原理

三维激光扫描系统相当于一个高速转动并以面状获取目标体大量三维坐标数据

＊　本章由董秀军、赵悦、刘潇敏主笔，赵志祥校核。

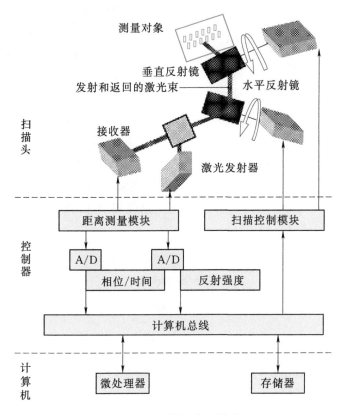

图 2.1　三维激光扫描仪

的超级全站仪，其核心原理是激光测距和激光束电子测角系统的自动化集成，类似于免棱镜全站仪，可将点测量模式转化为面测量模式。激光测距主要有脉冲式测距、相位差式测距和光学三角测距三种，测距过程主要包括激光发射、激光探测、时延估计和时延测量。地面三维激光扫描仪测量系统原理见图 2.2。

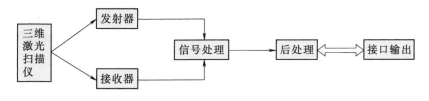

图 2.2　地面三维激光扫描仪测量系统原理

1. 脉冲式测量原理

采用无接触式激光测量，通过其内部的激光脉冲二极管发射激光脉冲，射向被测物体，激光碰到被测物体的表面后反射回来，并由扫描仪内的探测装置接收并记录；根据激光束发射和接收时刻的飞行时间差 T，计算扫描点到仪器的斜距 S，同时获取此激光束的水平方向角度 α 和垂直方向角度 θ，自动计算扫描点的相对位置（该位置分别用空间坐标系中 X 方向、Y 方向、Z 方向三个矢量数据表示）。脉冲激光测

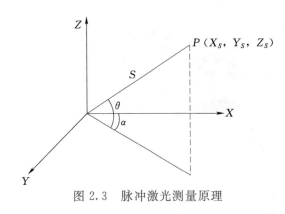

图 2.3 脉冲激光测量原理

量原理见图 2.3。

点空间坐标的计算原理即极坐标法。不同之处在于该系统以扫描仪位置为原点在内部自建坐标系统，其坐标原点为扫描仪的内部测距激光发射的几何中心，Z 轴为仪器的竖轴，水平面上为 X 轴、Y 轴，Y 轴常为扫描默认起始方位，X 轴与 Y 轴、Z 轴垂直并构成空间坐标系。基于这种关系，再根据其扫描原理可得扫描点 P 的坐标（X_s，Y_s，Z_s）的计算公式，见式（2.1）。

$$X_s = S\cos\theta\cos\alpha$$
$$Y_s = S\cos\theta\sin\alpha \qquad (2.1)$$
$$Z_s = S\sin\theta$$

$$S = \frac{T}{2} \cdot C_0 \qquad (2.2)$$

式中：距离 S 是利用激光发射和接收之间的时间延迟 T 来计算，见式（2.2）；C_0 为光速。

2. 相位差式测量原理

相位测距法是通过测量连续调制的光波在待测距离 D 上往返的相位差 ϕ 来间接测量传播时间 T 的（图 2.4）。任何测量交变信号相位移的方法都不能确定出相位移的整周期数，而只能测定其中不足 2π 的相位移的尾数 $\Delta\phi$。因此，仅用一把光波测尺是无法测定距离的。如果被测距离较长，可以选择一个较低的测尺频率，使其相应的测尺长度大于待测距离 D，这样就不会出现 D 的不确定性。测尺频率的选定方式有两种：分散的直接测尺频率方式和集中的间接测尺频率方式。需要说明的是采用哪种测尺频率方式应视测距仪的要求和是否便于实施而定。短测程的测距仪，由于

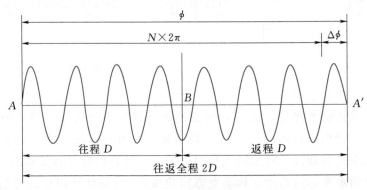

图 2.4 相位式测距原理示意图

高低频测尺频率相差并不悬殊，加之近年来广泛采用了便于直接调制且具有较宽频带的 GaAs 半导体激光管作为光源，所以大都采用了分散的直接测尺频率方式。当然，如果测程很长，测尺频率相差悬殊，还是采用集中的间接测尺方式为宜。

光波在传播过程中相位是不断变化的，用 λ 表示光波波长，则每传播一个波长，相位就变化 2π，所以距离 D、光波往返相位差 ϕ 和光波波长 λ 之间的关系为

$$D = \frac{\lambda}{2} \cdot \frac{\phi}{2\pi} \tag{2.3}$$

定义 $\lambda/2$ 为测尺长度 L，$\phi/2\pi$ 相当于 D 内包括的测 2π 测尺长度 L 的数目。若令 $\phi = 2\pi N + \Delta\phi$，式中 N 是正整数或 0，$\Delta\phi$ 是 ϕ 中不足 2π 的尾数，则式（2.3）可写为

$$D = L\left(N + \frac{\Delta\phi}{2\pi}\right) \tag{2.4}$$

3. 光学三角测量原理

激光发射器通过镜头发射可见红色激光射向物体表面，经物体反射的激光通过接收器镜头，被内部的 CCD 线性相机接收。根据不同的距离，CCD 线性相机可以在不同的角度下"看见"这个光点。根据这个角度即知激光和相机之间的距离，数字信号处理器就能计算出传感器和被测物之间的距离。三角测距原理见图 2.5。

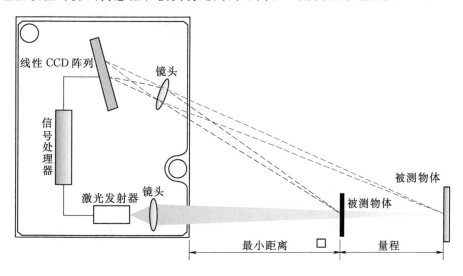

图 2.5　三角测距原理

2.2　三维激光扫描系统分类

三维激光扫描技术发展至今，已衍生出多个种类，如搭载平台、成像方式、扫描距离、激光测距原理、激光光束发射方式及其他。根据应用领域的不同对应着不同的扫描设备；根据研究角度的不同、激光测距工作原理差异等对激光扫描设备可以进行多种分类。

2.2.1 按搭载平台分类

激光扫描设备获取目标物体三维空间数据，依据扫描设备数据采集实施的空间位置可以将其分为四类。

1. 机载型

航空机载激光扫描系统可以安装在小型固定翼飞机、旋翼直升机上，系统组成主要包括三维激光扫描仪、航空摄影相机、空间定位系统、飞行惯导系统，另外还需要计算机、数据采集器、记录器等辅助系统（图2.6）。

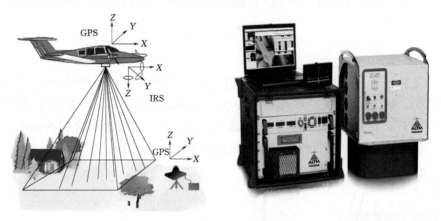

图2.6　机载激光扫描系统

近年来，随着技术的发展，无人机搭载的小型低空激光扫描仪也已面世（图2.7）。

图2.7　无人机载小型激光扫描系统

航空机载型的激光扫描设备根据飞行航高的不同也可以进行更为细致的划分。

2. 地面型

地面型的激光扫描设备，顾名思义是在地面上使用的，根据数据采集过程可划分为移动式激光扫描系统和固定式激光扫描系统。

（1）移动式激光扫描系统。指在数据采集过程中扫描设备不是静止不动，而是基于移动的交通平台进行动态的数据获取，系统由全球定位系统、惯性导航系统和三维激光扫描设备组成（图 2.8）。

图 2.8　移动式激光扫描系统

　　（2）固定式激光扫描系统。指数据采集过程中设备保持固定的位置，是静态的获取三维数据。系统除了三维坐标获取功能之外，常常还集成了定位系统、数码相机、水准双轴补偿、方位传感器等部件（图 2.9）。在数据采集过程中尽可能多地获取其他信息。另外，Riegl 扫描仪制造商将机载扫描仪的多回波技术也应用到地面扫描仪技术之中，使其在植被识别剔除等方面有了较大的提高。

图 2.9　固定式地面激光扫描仪

　　3. 手持型

　　手持型的扫描设备往往小巧、便捷，以高精度获取为特点，在工业制造、设计、医学、考古等行业应用最多。此类设备主要采集小型物体的三维坐标数据，工业部件采集三维数据应用中常配以柔性机械臂使用（图 2.10）。

　　4. 特殊型

　　特殊型主要是在特定的（非常危险或难以到达）环境条件下使用，比如矿山采空区、地下通道、溶洞洞穴等地下空间范围。如加拿大 Optech 公司生产的 Cavity Monitoring System 设备 ［图 2.11（a）］，能够在洞径 25cm 的狭小空间内进行扫描工作。另外，地下采矿、油库和工业炸药的空气环境中弥漫着易燃易爆气体，普通扫描仪不适合在此种条件下使用，防爆型的三维激光扫描设备应运而生 ［图 2.11（b）］。

图 2.10　手持型激光扫描仪

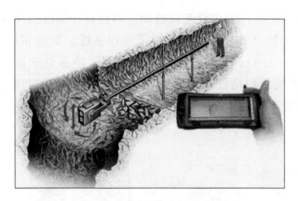

（a）狭窄空间应用的扫描仪　　　　　　　　（b）防爆型三维激光扫描仪

图 2.11　特殊场合应用的三维激光扫描设备

2.2.2　按扫描成像方式分类

1. 摄影扫描式

摄影扫描式设备本身没有旋转轴系，扫描仪外部是一体的。这类扫描设备的激光光刀方向多为水平，扫描视场有限。这类扫描设备出现在技术发展初期，但目前也有使用，主要用于室外物体扫描，尤其是对于长距离的扫描很有优势，见图 2.12（a）。

2. 全景扫描式

全景扫描式设备有水平 360°的旋转轴系，垂向方向上有着近乎 360°的棱镜反射视场（仪器底部支撑部位除外）。此类型的扫描仪视场局限于仪器的自身（如三脚架范围），设备适用于室内全方位视角扫描，在古建筑保护、地下洞室等领域应用较多，见图 2.12（b）。

3. 混合扫描式

混合扫描式设备集成了全景扫描式和摄影扫描式设备两种类型的优点，水平方向的轴系旋转不受角度限制，垂直方向由视窗大小限制旋镜面的视场范围。这类扫描设备适用于中远距离的扫描工作，见图 2.12（c）。

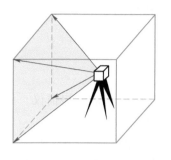

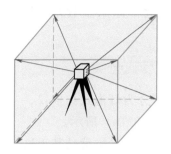

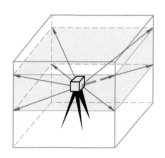

（a）摄影扫描式　　　　　　　（b）全景扫描式　　　　　　　（c）混合扫描式

图 2.12　激光扫描设备扫描成像方式

2.2.3　按扫描距离分类

1. 短程三维激光扫描仪

短程三维激光扫描仪的最长扫描距离为 200m 以内，适用于精度要求高、目标物体相对较小的空间扫描。

2. 中程三维激光扫描仪

中程三维激光扫描仪的扫描距离为 200～1000m，多用于大中型场景、距离相对较远的空间目标扫描。

3. 远程三维激光扫描仪

扫描距离大于 1000m 以上的属于远程三维激光扫描仪，主要应用于超大型场景、远距离空间目标扫描。

2.2.4　按激光测距原理分类

1. 激光脉冲测距

飞行时间差测距利用激光传播速度与飞行时间计算距离的原理，中远距离的扫描仪基本上都是采用这种原理，穿透能力强、测量距离远，其测距范围可达到数百米甚至数千米，但大范围内的扫描测距精度相对较低。该类扫描仪适合应用于大场景环境。

2. 激光相位测距

激光相位测距主要采用记录激光光波的波峰、波谷位置，是对于特定频率的激光光波相位参数是固定的这一原理进行测距，优点是精度可以达到毫米级，采样速度非常快。目前相位式激光扫描设备采样速率可以达到 100 万 pts/s。该扫描仪主要用于近距离的扫描测量，扫描范围一般在 100m 内。

3. 光学三角测量

采用光学三角测量原理的扫描设备，主要应用于工业部件扫描和逆向建模。工作距离较近，扫描距离一般在数十厘米至数米，扫描测量精度可以达到亚毫米的级别。

2.2.5　按激光光束的发射方式分类

按激光光束的发射方式，可分为灯泡式扫描仪、三角法扫描仪和扇形扫描仪。

（1）灯泡式扫描仪：如图 2.13（a）所示。

（2）三角法扫描仪：三维坐标测量机就是基于这种原理，如图 2.13（b）所示。

（3）扇形扫描仪：此类扫描仪扫描点云密度和准确度非常高，大多数主动式的扫描仪都采用这种激光束发射方式，如图 2.13（c）所示。

(a) 灯泡式　　　　　　　　(b) 三角法　　　　　　　　(c) 扇形

图 2.13　扫描仪激光光束发射方式

2.2.6　其他分类方式

三维激光扫描仪还可以按光刀方向、激光频率、激光波长等进行不同的分类。也可以根据不同的衡量标准，按扫描现场地形分为矩形扫描、环形扫描和穹形扫描；按扫描方式分为线扫描和面扫描等。

2.3　地面三维激光扫描系统主要技术指标

根据有关资料显示，国际上有 30 多个著名的地面三维激光扫描仪制造商，其中国内外主流的三维激光扫描硬件研制厂商包括 FARO、Leica、I‐site、Optech、Riegl、Trimble、Z＋F、北科天绘、中海达等。他们研究开发了各项专业的先进专利技术，并生产了 70 多款型号的三维激光扫描仪。

不同厂商生产的地面三维激光扫描仪各具特点：国外三维激光扫描仪市场占有率较高，不论是高校、科研机构还是企业等都使用，设备性能各方面都已经基本成熟；而国内产品市场应用相对较少，且以短测程为主，正处于发展起步阶段。不管是国外还是国内的扫描仪，在测程范围、测距精度、测量速度、采样密度等方面均有各自的特点和技术参数。常见地面三维激光扫描仪主要技术参数见表 2.1。

常见地面三维激光扫描仪主要技术参数

表2.1

扫描仪型号	角度分辨率	水平角度步进	垂直角度步进	激光发散度	测距精度	标称测程/m	采样速率/(万 pts/s)	视场角	激光频率/kHz	技术特征	产地
FARO3D	0.009°			0.16mrad	2mm@25m	120	12.2	垂直：300° (+150°～−150°)，水平：360°		双轴补偿	美国
FARO3D X130	0.009°			0.16mrad	2mm@25m	130	12.2	垂直：300° (+150°～−150°)，水平：360°		双轴补偿	美国
FARO3D X330	0.009°			0.16mrad	2mm@25m	330	12.2	垂直：300° (+150°～−150°)，水平：360°		双轴补偿	美国
FARO FocusS 150	19″	0.009°	0.009°	0.3mrad	1mm	0.6～150	97.6	垂直：300° (+150°～−150°)，水平：360°		双轴补偿	美国
FARO FocusS 350	19″	0.009°	0.009°	0.3mrad	1mm	0.6～350	97.7	垂直：300° (+150°～−150°)，水平：360°		双轴补偿	美国
Leica HDSP20					1mm	120	100	垂直：270° (+135°～−135°)，水平：360°		双轴补偿、激光对中	瑞士
Leica HDS6200	125μrad				5mm@50m	79	101.6727	垂直：310° (+155°～−155°)，水平：360°		双轴补偿、激光对中	瑞士

续表

扫描仪型号	角度分辨率	水平角度步进	垂直角度步进	激光发散度	测距精度	标称测程/m	采样速率/(万 pts/s)	视场角	激光频率/kHz	技术特征	产地
Leica HDS7000	125μrad				1mm	187	100	垂直：320°(+160°~−160°)，水平：360°		双轴补偿、激光对中	瑞士
Leica HDS C10	60μrad				4mm	300	5	垂直：270°(+135°~−135°)，水平：360°		双轴补偿、激光对中	瑞士
Leica HDS C5	60μrad				4mm	300	5	垂直：270°(+135°~−135°)，水平：360°		双轴补偿、激光对中	瑞士
Leica HDS8400	0.001°			0.25mrad	10mm	1000	0.88	垂直：80°(+40°~−40°)，水平：360°		双轴补偿、激光对中	瑞士
Maptek I-site 8200	0.2°~0.025°	0.2°~0.1°	0.2°~0.1°	0.25mrad	8mm	200		垂直：250°(+125°~−125°)，水平：360°			澳大利亚
Maptek I-site 8400		0.2°~0.1°	0.2°~0.1°	0.25mrad	8mm	1000					澳大利亚
Maptek I-site 8810		0.2°~0.0125°	0.2°~0.0125°	0.25mrad	8mm	2000					澳大利亚
Maptek I-site 8820	0.2°~0.025°	0.2°~0.025°	0.2°~0.025°	0.25mrad	6mm	2000					澳大利亚

续表

扫描仪型号	角度分辨率	水平角度步进	垂直角度步进	激光发散度	测距精度	标称测程/m	采样速率/(万pts/s)	视场角	激光频率/kHz	技术特征	产地
Optech POLARIS HD	12μrad	0.0017°	0.0007°	12μrad	5mm@100m	250	50	垂直:120°(+75°~-45°),水平:360°	500	双轴补偿、多回波、激光对中	加拿大
Optech POLARIS ER	12μrad	0.0017°	0.0007°		5mm@100m	750	50	垂直:120°(+75°~-45°),水平:360°	200/500	双轴补偿、多回波、激光对中	加拿大
Optech POLARIS LR	12μrad	0.0017°	0.0007°		5mm@100m	2000	50	垂直:120°(+75°~-45°),水平:360°	50/200/500	双轴补偿、多回波、激光对中	加拿大
Riegl_VZ400	0.0005°	0.0024°~0.5°	0.0024°~0.288°	0.35mrad	3mm	800	4.2~12.2	垂直:100°(+60°~-40°),水平:360°	100/300	双轴补偿、多回波、激光对中	奥地利
Riegl_VZ1000	0.0005°	0.0024°~0.5°	0.0024°~0.288°	0.3mrad	5mm	1400	12.2	垂直:100°(+60°~-40°),水平:360°	30/50/150/300	双轴补偿、多回波、激光对中	奥地利
Riegl_VZ2000	0.0015°	0.0024°~0.62°	0.0015°~1.15°	0.3mrad	5mm	2000	22.2	垂直:60°(+30°~-30°),水平:360°	30/50/150/300	双轴补偿、多回波、激光对中	奥地利

续表

扫描仪型号	角度分辨率	水平角度步进	垂直角度步进	激光发散度	测距精度	标称测程/m	采样速率/(万 pts/s)	视场角	激光频率/kHz	技术特征	产地
Riegl_VZ2000i	0.0015°	0.0015°~0.62°	0.0007°~0.6°	0.3mrad	5mm	2500	50	垂直：100°(+60°~−40°)，水平：360°	50/100/300/600/1200	双轴补偿、多回波、激光对中	奥地利
Riegl_VZ4000	0.0005°	0.002°~3°	0.002°~0.28°	0.15mrad	10mm	4000	3~240*	垂直：100°(+60°~−40°)，水平：360°	50/100/300/550/950	双轴补偿、多回波、激光对中	奥地利
Riegl_VZ6000	0.0005°	0.002°~3°	0.002°~0.28°	0.12mrad	10mm	6000	22.2	垂直：60°(+30°~−30°)，水平：360°	30/50/150/300	双轴补偿、多回波、激光对中	奥地利
Trimble TX8	16″				10mm@30m	120	100	360°×317°	1000	双轴补偿、激光对中	美国
Trimble TX5	0.009°	12			2mm@25m	120		360°×317°	1000	双轴补偿、激光对中	美国
Trimble VX	1″				(3mm+2ppm)	150		360°×317°	1000	双轴补偿、激光对中	美国
Z+F 5010	0.0007°	0.0007°	0.0007°	0.3mrad	(1mm+10ppm)	187.3	101.6	垂直：320°(+160°~−160°)，水平：360°		双轴补偿、激光对中	德国

续表

扫描仪型号	角度分辨率	水平角度步进	垂直角度步进	激光发散度	测距精度	标称测程/m	采样速率/(万pts/s)	视场角	激光频率/kHz	技术特征	产地
Z+F 501C	0.0007°	0.0007°	0.0007°	0.3mrad	(1mm+10ppm)	187.3	101.6	垂直:320°(+160°~-160°),水平:360°		双轴补偿、激光对中	德国
Z+F 5016	0.0007°	0.0007°	0.0007°	0.3mrad	(1mm+10ppm)	360	101.6	垂直:320°(+160°~-160°),水平:360°		双轴补偿、激光对中	德国
北科天绘 UA-0500	0.001°	0.001°	0.001°	0.35mrad	5mm@100m	1250		垂直:300°(+150°~-150°),水平:360°	600	多回波	北京/苏州
北科天绘 UA-1500	0.001°	0.001°	0.001°	0.3mrad	5~8mm@100m	3600		垂直:300°(+150°~-150°),水平:360°	600	多回波	北京/苏州
中海达 I ScanHS 450	0.001°	0.002°	0.002°	0.35mrad	8mm@100m	1.5~450	50	垂直:100°(+60°~-40°),水平:360°	500	多回波	广州/武汉
中海达 I ScanHS 650	0.001°	0.001°	0.001°	0.35mrad	5mm@100m	1.5~650	50	垂直:100°(+60°~-40°),水平:360°	500	多回波	广州/武汉
中海达 I ScanHS 1200	0.001°	0.001°	0.001°	0.35mrad	5mm@100m	2.5~1200	50	垂直:100°(+60°~-40°),水平:360°	500	多回波	广州/武汉

* 表示采样速率单位为线/s。

另外，在三维点云数据处理软件方面，商业化的软件主要有 TerraSolid 公司的 TerraSolid 软件、InnovMetric 公司的 Polyworks 软件、Trimble 公司的 RealWorks 软件、Leica 公司的 Cyclone 软件、Bentley 公司的 Pointools 软件、Orbit GT 公司的 Orbit Mobile Mapping 软件等，以及国内中海达公司的 I Scan 软件、科研院所开发的一些工具软件。

2.4　地面三维激光扫描精度及误差分析

三维激光扫描系统采样数据精度主要取决于激光光斑的尺寸和光斑的点间距，这是影响其分辨率的主要因素。小的光斑能提高细节的分辨率，小的点间距能增大采样点的密度，同时提高模型的构建精度。通常情况下，模型的精度要显著高于单点点云数据精度。

激光扫描仪的工作角度和距离对测量精度有着直接的影响。仪器与扫描目标的距离越近，激光光斑越小，分辨率越高，回波信号也越强，测量精度就越高，反之，则测量精度越低。入射激光与扫描目标的曲面法线所形成的角度越小，激光光斑越小，分辨率越高，点间距越小，回波信号也越强，测量精度就越高，反之，则测量精度越低；但夹角大到一定程度，仪器将无法获得足够的回波信号。此外，由于仪器是通过激光的回波信号来测定距离的，对于激光被全反射和全透射的情况，会造成扫描映象数据盲点。

三维激光扫描仪同其他数据获取设备一样，在数据采集过程中不可避免地会存在误差。从误差理论来分析，激光扫描测量系统的误差分为系统误差和偶然误差。系统误差会引起三维激光扫描点的坐标偏差，可通过公式修正得以减小。偶然误差是一些随机性误差的综合体现。

2.4.1　扫描系统的误差分类与来源

三维激光扫描系统在扫描过程中，受到各种外界因素的影响，从而导致最终的点云数据质量不高。数据误差包含粗差、系统误差和随机误差三部分。许多误差来源也是传统测量工作中普遍存在的，如激光束发散特性导致在距离扫描测量中角度定位具有不确定性，扫描系统各个部件之间存在连接误差等，这些因素都会造成最终的点云数据中含有误差。三维激光扫描系统的误差传播同样遵循测量误差传播的基本规律。

三维激光扫描仪在短时间内可以快速测量并得到均匀分布于被测目标上的扫描点，而离散的扫描点中可能包含许多种误差，这些误差来源可能和仪器本身的测量能力、外界环境干扰因素、仪器率定或人为操作等原因有关。根据传统测量对观测误差的基本概念分析，影响扫描点坐标的误差类型可分为三类。

1. 随机性误差

随机性误差是无法用系统性参数来描述的误差，其大小和符号呈现"偶然性"

且不可预测性。随机性误差量的统计性通常偏向正态分布。扫描仪随机误差的中误差可由仪器的测距精度、测角精度及其大气折光等进行推算，这个中误差可直接反映仪器本身的测量能力。

2. 系统性误差

系统性误差是具有系统性或者规律性的误差，产生原因主要是仪器的率定不够完善，当仪器制造商仪器率定工作不严谨或仪器长时间使用未进行检验，容易使得扫描成果存在系统性误差。系统性误差有仪器测距误差、扫描测角误差、参考原点误差以及坐标轴方向误差等。有时环境的影响也存在一定的系统性误差，此种误差容易被识别，使用者只要通过适当的检验方法来确定仪器有何种系统性误差或有一种合适的环境数学改正模型，便能对扫描仪获取的三维数据进行系统性误差改正，以保证资料的精度。

3. 人为误差

此种误差大多是仪器操作、扫描参数设置不当或数据后期处理不当造成的，尤其对具有绝对定向功能的激光扫描仪，测站点和后视点定位定向精度会影响扫描获取数据的精度。如扫描仪整平对中操作中，人为因素造成的误差也是制约数据精度的一个重要原因。

作业中只要严格注意仪器操作步骤或者数据处理细节及关键参数的选取等，均可避免此类问题的发生。人为误差的原因很多，通常可利用多种手段相互检验或者重合一定区域进行扫描测量予以避免，有利于数据的检验。

三维激光扫描仪误差分类、误差来源及采取措施见表2.2。

表 2.2　　　　　　　三维激光扫描仪误差分类、误差来源及采取措施

误差分类	误差来源	采取措施	误差分析
随机性误差	仪器本身的测量能力；测距与测角观测值本身的偶然误差	无法避免	偶然性
系统性误差	仪器率定、外界环境	仪器检定、数学模型改正	仪器测距误差、扫描测角误差、参考原点误差以及坐标轴方向误差等
人为误差	仪器操作、参数设置或数据后期处理不当	提高操作者的工作经验和精细水平，进行多种手段相互检验或者重合一定区域进行扫描测量	多种因素造成的误差

2.4.2　误差对点云数据精度的影响

三维激光扫描仪最终获取的成果通常包括点云数据和对应点云数据的影像信息。

对于影像信息，可以应用传统的摄影测量理论和处理方法来单独处理图像信息。对于三维激光扫描系统的测距系统而言，扫描采样的点位是通过扫描仪发射的激光束唯一性确定的。主要的误差包括内部误差（观测噪声，光束发散的不确定性）和外部误差（测量点匹配，仪器架设误差）两部分，在此，主要针对仪器的各种随机误差对系统获取点云数据精度的影响进行分析。

1. 激光光束发散的影响

众所周知，三维激光扫描系统的主要组成部分是扫描测距系统，目前所使用的大多数扫描仪系统都是采用基于激光脉冲的时间测量来进行距离量测的。由于激光束的发散特性，使得激光束到达实体表面的光斑大小影响着回射点云的分辨率和定位的不确定性。假设发射激光束成圆形发散，最终得到实体表面的光斑。一般而言，光斑的大小是随着扫描距离增加而线性增大的。发散的光斑大小可以由一个扫描距离的线性方程来表示。许多仪器厂家都标定了各自系统的光斑发散值的大小，如瑞士徕卡 HDS3000 单次扫描点的精度为 6mm@50m，奥地利 Riegl ＿ VZ1000 为 2mm@100m，加拿大 Optech 公司 ILRIS-3D-ER 激光扫描仪单次扫描精度为 7mm@100m。

2. 激光测距的影响

激光测距信号在处理的各个环节都会带来一定的误差，特别是光学电子、电路中激光脉冲回波信号处理时引起的误差，主要包括扫描仪脉冲计时的系统误差和测距计时中不确定间隔的缺陷引起的误差。脉冲计时系统误差造成循环、混淆的现象与测距的凸角误差相似；测距计时中不确定间隔则可能造成数据突变。目前运用一些技术，如频率倍乘、微调作用等可以处理这种突变的误差。激光测距误差综合表现为测距中的固定误差和比例误差两部分，可以通过仪器检定来确定测距误差的大小。

3. 扫描角的影响

水平方向扫描角和垂直方向扫描角是地面激光扫描仪直接获取的两个基本观测量，其误差直接影响点云坐标的精度。尽管目前扫描仪的角度测量精度已达亚秒级，但由于仪器生产制造的误差或性能上的限制（如扫描镜的镜面平面角误差、扫描镜转动的微小震动、扫描电机的非匀速转动控制等），角度测量中仍含有一定的系统性误差。该误差伴随仪器的生产而产生，每台扫描仪在仪器出厂时都经过参数补偿，合格后才能投入生产使用，因此该角度测量产生的误差是极其微小的，对生产不会构成严重的精度影响。

通过大量的实践可知，扫描仪与目标体之间（或标靶）的夹角在小于 30° 时，获取的点云数据效果比较理想；夹角大于 30° 时将产生较大范围的盲区，若要获取全景数据将需多次搬站、增大扫描工作量，且点云数据易产生畸变。故此认为，一般情况下扫描仪与目标体之间（或标靶）的夹角以小于 30° 为宜。

4. 温度、气压及空气质量等外界环境条件的影响

激光扫描仪受外界环境的影响主要指温度变化、气压等对仪器结构造成的细微

影响。现场扫描中风力、风向和风速等的变化和影响也会在扫描过程产生风的振动，使激光在空气中的传播方向受到干扰。对于近距离扫描，这些影响很小，通常被忽略掉，但外界环境十分恶劣时，影响也较大。

5. 仪器架设的影响

目前，大部分地面激光扫描设备提供了对中整平及电子双轴补偿的功能，使仪器架设对点云定位、定向准确性大幅提高。对于不具备此功能的扫描设备，在设备本身能够定位的前提下，其误差的不确定性概率增加。另外，仪器架设部位地面震动也会对精度产生巨大影响，这些震动可能来源于车辆移动、爆破震动、水流冲刷震动等。

6. 扫描目标物体反射面倾斜角度和反射表面粗糙程度的影响

当扫描目标体的反射面与扫描光束交角较小时，激光光斑投影面积变大，影响测距精度，造成误差相对要大；当扫描目标的反射面与扫描光束交角小到一定程度的时候，扫描设备便无法有效采集到回波信号，造成无测量数据。

另外，三维激光扫描点云的精度与物体表面的粗糙程度有密切关系。由于三维激光回波信号有多值性的特点，有些三维激光扫描系统只能处理首次返回的回波信号，有些三维激光扫描系统只能处理最后反射回来的回波信号，也有一些三维激光扫描系统能够综合处理首次和最后反射回来的回波信号，将造成测量位置的偏差。当扫描物体表面平整光滑时，所获取的数据质量就高；表面越粗糙或凸凹不平，数据信息的质量相对要差。

7. 标靶摆放位置的影响

标靶的放置与识别精度也会影响到数据的精度。野外天然的岩质、土质边坡特别是陡峭的斜坡，标靶放置困难，容易被风吹动或受施工扰动。标靶的放置应尽可能分布在扫描区域的大部分范围内，标靶较少时，如三个应呈等边三角形放置，但往往在实际工作中由于陡峭边坡坡顶部位因人员难以到达而无法放置标靶。标靶放置的方向与激光扫描入射角度及标靶与扫描仪距离都对测量结果产生一定的误差。所以标靶摆放的位置恰当与否，将直接影响扫描数据的质量和精度。

8. 扫描距离的影响

通过大量的工程实践和对比研究认为，假设平面目标大于激光光束、入射角垂直于目标且亮度平均时，扫描距离与设备的发射能量密切相关。亦即标靶与扫描距离越近，精度越高；距离越远，精度越低。

9. 数据后期处理的影响

数据后期处理过程中形成的误差，主要存在于点云数据的拼接和与大地坐标转换的过程中。

在多站点数据拼接过程中，由于获取点云精度的不同以及数据拼接方式的不同都会形成拼接误差。在多站点拼接过程中还存在误差累积效应，也就是说相邻两幅点云数据在配准中存在一次误差，那么多幅点云数据逐次拼接时，这种误差将随着拼接匹配的点云不断累积，直至整个点云数据拼接成整体后，这个误差将累积到一个相对较大的值，这种累积误差难于克服。

在与大地坐标转换的过程中，利用控制点测量的大地坐标与拼接好的点云数据进行空间匹配，使扫描获取的点云数据转换到大地坐标中，点云数据中的每个点数据都与现场实际坐标相对应。转换过程中，坐标控制点一般要求至少有三个或三个以上，那么这些控制点的测量精度和点云数据同名点的选取精度及整体转换精度等，都将直接影响数据的转换精度。

2.4.3　地面三维激光扫描仪精度

通常条件下，脉冲式的扫描仪测距远、精度低，相位式的扫描仪测距近、精度高。远距离地面三维激光扫描主要采用脉冲式原理。虽然脉冲式三维激光扫描仪受外界环境因素影响小，但是扫描激光束入射角度较大时，激光点云的斑点形状将产生变形（圆形的成为椭圆或畸形），会使精度显著降低。脉冲式是利用发射和接收信号之间的时间间隔与激光的速度计算距离，并多次测量取其平均值。相位式使用连续信号，以不同的频率调制载波信号，测出发射和接收信号之间的相位差，从而计算出测量距离。无论是哪种方式，其测距精度都具有测距等效性、精度与光斑大小的相关性和多因素影响的特点。

（1）测距等效性是指获得的测量距离为光斑面内不同激光脚点到仪器发射中心距离的加权值，可用式（2.5）表示：

$$R = \frac{\sum_{i=1}^{n} S_i P_i}{\sum_{i=1}^{n} P_i} \qquad (2.5)$$

式中：S_i、P_i 是第 i 个激光脚点的距离及对应的权。

激光测距的期望距离是仪器发射中心到激光脚点光斑中心的距离，实际测量的距离是一个等效点或者等效面到仪器的距离。

（2）激光脚点光斑点的大小与测距精度有密切的关系。光斑越大，测距精度越低；反之测距精度越高。光斑的直径大小 d 与激光的发射和接收装置的孔径 D、激光束的发散角 r 有关，存在式（2.6）的关系：

$$d = D + 2S\tan\frac{r}{2} \qquad (2.6)$$

（3）影响扫描仪测距的因素有仪器、反射面和外界环境条件等3个方面：

1）仪器零部件的安置和电子传感器处理信号引起的误差。

2）反射面因素可分为反射面粗糙度、介质特性、反射面倾斜和形状4个方面。曾有学者做过粗糙程度对激光测距影响的实验，得出在物体表面反射能力足够强的情况下，粗糙程度对测量数据影响不明显。不同色彩和材质的目标物，吸收和折射激光的能力不同，吸收和折射改变反射光线的速度也不同。黑色物体、暗物质及透明物体对测距影响大。反射面倾斜，激光脚点位置会发生改变，引起光斑面积增大，测距精度降低。反射面形状是指反射表面的切面形状，自然地表的切面多为不规则的曲面，曲面使激光脚点位置不在同一平面内，光斑的等效面积增大，测距的精度降低。

3）扫描仪测程的外界环境条件。如阴天或晴天自然光线的影响，对测距影响的差别不大，但是阳光特别强时，射程会下降；在黑夜扫描时所获取的激光点的噪声会少，激光点密度稍微大些，距离稍长些。气象条件如温度、气压等影响激光在空气中的传播速度和调制波的波长，温度的变化对精密机械的结构关系有细微的影响。自然环境的影响如风能改变激光在空气中的传播方向；小雨或雾天对于射程会有影响，取决于雨的大小或大雾状况；雨、雪易形成障碍，获得错误观测值；空气中的污染度会影响扫描的数据质量和测程。另外，强电磁场的干扰，对测距也有较大的影响。

测距精度的预算，要采用定性和定量分析相结合的方法，全面考虑各种影响因素，把握主次，有一定的取舍。当对不利因素采取了避开措施及影响因素可以忽略不计的，预算精度不考虑。如黑色物体、暗物质、透明物体、不良天气等可以避开的因素，或影响较小的粗糙程度因素，或能加气象改正的如温度、气压等因素。这些次要的影响因素一般可以忽略或不考虑对扫描数据精度的影响。

按上述原则，舍去一些影响因素后，其测距的误差主要有仪器本身的误差、反射面倾斜产生的误差和反射面形状产生的误差。仪器本身的误差可以通过检定、校验等确定其大小。反射面倾斜和形状产生的测距误差及测距的综合误差，可以用下述方法定量估算。

1. 扫描角度产生的误差

扫描角度的影响包括水平扫描角度的影响和竖直扫描角度的影响。扫描角度引起的误差包括扫描镜的镜面平面角误差、扫描镜转动的微小震动误差、扫描电机的非均匀转动控制误差等。

2. 反射面形状产生的测距误差

不规则形状的反射面产生的测距误差难以估算，规则形状的反射面产生的测距误差易于估算。取用规则形状的反射面产生的最大距离偏差，替代估算反射面形状对测距产生的误差。扫描仪测量为面状式，作业时无法避开有明显凹凸的反射面，电杆、门柱、桥墩等柱状地物形成的反射面，以及山体、河滩、耕地等自然地表凹凸形成的反射面。假定发射的激光束光斑的最大直径等于一圆球状目标物的直径，此时产生激光脚点的最大距离偏差应等于球的半径，根据测距的等效性，此时反射面形状产生的测距中误差，可以用 $m_形 = \pm r/4$ 估算，即

$$M_形 = \frac{D + 2S\tan\dfrac{r}{2}}{4} \tag{2.7}$$

3. 目标物体表面倾斜产生的测距误差

激光扫描测距系统中激光测距单元有激光发射头和激光接收器两部分（图 2.14）。

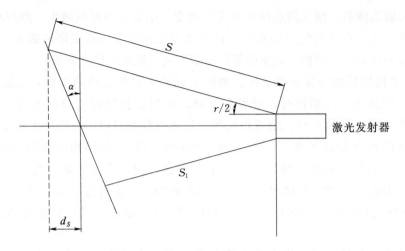

图 2.14　目标物体倾斜引起测距偏差

当扫描目标物体倾斜时，则出现扫描目标物体表面切平面法线与激光光束方向不重合。当表面切平面法线与激光光束方向的夹角为 α，根据式（2.7），存在如下几何关系：

$$\tan\alpha = \frac{S - S_1 \cos \dfrac{r}{2}}{S_1 \sin \dfrac{r}{2}} \tag{2.8}$$

则引起激光脚点位置的最大偏差 d_S：

$$d_S = S_1 - S \tag{2.9}$$

由于 $\dfrac{r}{2}$ 很小，则有 $\sin \dfrac{r}{2} \approx \dfrac{r}{2}$，所以

$$d_S = S_1 - S = \frac{S\gamma \tan \dfrac{r}{2}}{2} \tag{2.10}$$

第 3 章 地面三维激光扫描点云数据获取*

点云数据获取是地面三维激光扫描工作过程中的一个重要环节，主要包括作业前技术准备、现场踏勘、控制测量、扫描站点选取、标靶布设、现场点云数据采集、影像采集及其他信息采集等工作。地面三维激光扫描点云数据获取工作流程见图 3.1。

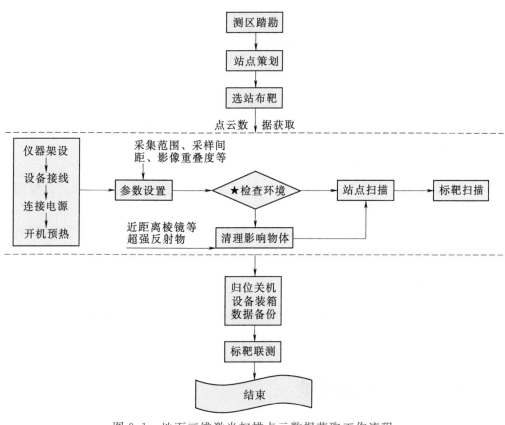

图 3.1　地面三维激光扫描点云数据获取工作流程

＊　本章由赵志祥、吕宝雄、董秀军、王小兵共同执笔。

3.1　扫描准备与方案设计

3.1.1　扫描准备

在接收三维激光扫描任务后，先要收集扫描区域内已有控制点、各类地形图等成果资料，同时全面细致地了解扫描作业区域的气象、通信、交通、人文和自然地理等信息。

为了顺利开展三维激光扫描的数据采集工作，获取目标体空间三维点云，需组织现场踏勘，掌握控制点信息，了解作业区的地形地貌、地面植被类型及稠密度等环境条件。

扫描作业前，还需要根据作业区域的地形条件、已有成果明确点云密度及数据精度的要求，初步确定回波次数、扫描角度、扫描频率等相关参数。

对激光扫描仪的外观、通电情况进行检查和测试。

3.1.2　扫描方案设计

为保证扫描工作顺利完成，须根据踏勘情况，制定合理可行的作业方案。依据工作特点、作业内容、精度以及现场实际情况进行扫描实施方案设计。

方案设计具体包括下列内容：

（1）明确任务来源、工作量、作业范围、工作内容以及工作进度和时间节点。

（2）扫描区地形、气候特征，通信、交通等作业区环境条件。

（3）已有资料的数量、精度、形式、技术指标和可利用价值等。

（4）执行的标准、规范规程或其他技术文件。

（5）成果的种类及形式、坐标系统、高程基准、比例尺、投影方法、分幅编号、数据内容、数据格式、数据精度以及其他指标等。

（6）作业所需的仪器设备类型、性能、数量和精度指标要求以及数据处理软件的功能等。

（7）作业的技术路线、流程。

（8）扫描作业方法。

地面扫描站布设、反射标靶布设、首级控制布设、加密控制布设、点云数据采集、点云数据后处理等各工序的作业方法、技术指标和要求。

3.2　扫描辅助控制测量

3.2.1　控制网布设

地面三维激光扫描测量前首先进行首级观测控制网的布设，其次确定扫描机位，获取点云数据。

控制网的预设精度要高于所需扫描成果要求的精度，控制网布设要遵循以下原则：

（1）控制网布设根据需要可分两级布网：首级网通盘考虑作业区现状，网形以导线、三角形或大地四边形建立；次级网在首级网的基础上考虑扫描目标的复杂度，便于扫描仪架设位加密，获取目标体完整的特征数据。地形条件简单、通视条件较好，或扫描范围不大时，也可采用一级布网。

（2）首级控制网中各相邻控制点之间通视要求良好，至少有两个通视方向。

（3）在尽量保证网形结构强度的前提下，控制点应因地制宜地选择在地面稳定、便于保存和易于联测的地方。

（4）当采用 GNSS 测量扫描站坐标时，点位还需要远离大功率无线电发射源，距离应不小于 200m，远离高压线的距离应不小于 50m；点位周围不应有大面积水域，以防止多路径效应影响，避免产生测量误差。

（5）设置扫描测站点需要考虑地形，同时还需要考虑大地坐标控制点的布置，便于后期数据坐标转换等操作。

3.2.2 标靶定位控制

如果数据拼接采用标靶，那么设置测站时需考虑标靶的布设的合理性，要保证同名标靶点的通视条件。

目前，针对标靶的识别，大部分扫描设备都可以自动识别靶心。但标靶识别精度还会受到角度和距离的影响，即标靶与扫描设备激光束的夹角、距离都将影响识别精度，随着夹角角度和距离的增加，甚至可能无法识别。在标靶自动识别过程中，扫描设备要以高密度点云对标靶进行扫描，根据点云发射强度变化，自动识别标靶点云发射特征，拟合技术自动获取标靶的中心点坐标。点云数据中标靶反射信号最强的位置是其中心。在实际操作中，平面型的标靶放置时与扫描方向有一定的夹角，而当扫描激光束入射角较大时，可能会造成无法自动识别标靶中心。此外，随着扫描距离的增加，激光回波反射信号变弱，点云采样密度变低，也会导致标靶识别失败。

标靶是三维激光扫描数据后处理中用于定位和定向的参数标志，按形态可分为平面标靶和球形标靶（图3.2），按用途分为基准标靶和监测标靶。在变形监测中，通常将标靶分为基准标靶和监测标靶。基准标靶主要用于定向和定位，监测标靶主要用于定位。

平面标靶采用的是一种特制的反射材料，利用两种对激光回波反差强烈的材料或者颜色。平面标靶中心部位最好选用白色材料，因为白色对激光的反射强度好。靶心周边是黑色或者蓝色材料时最佳，这种颜色的材料易于吸收激光能量，从而在平面标靶上形成以中心为反射最强烈的激光回波信号，由此识别出靶心。球形标靶可以从任何一个方向扫描，通过拟合计算得出球体中心点，原理就是球体在任意方

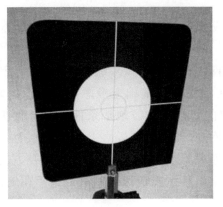

（a）平面标靶　　　　　　　　　　　　　（b）球形标靶

图3.2　平面标靶和球形标靶

向上球心位置是不变的，故非常适于在具有拐角或者不规则物体点云拼接扫描。球形标靶主要是用于点云拼接，不宜用作坐标控制点，因球心位置坐标用传统测量手段难以测量。

　　三维激光扫描设备获取点云数据点坐标的同时，会根据扫描目标材质对激光的反射率不同，记录点云的激光信号反射强度。平面标靶提供的靶心周围为黑色（或者蓝色），中心圆圈为白色，黑色区域强烈吸收激光信号，白色区域为标靶中心点所在处。黑色和白色区域之间的强度差异，在点云数据中明显可见，从而能够较容易确定每个标靶的中心区域，标靶及周围三维点云数据见图3.3，并可根据获取的标靶白色区域点云［图3.4（a）］拟合中心点坐标［图3.4（b）］。

图3.3　三维点云数据中的标靶影像

　　在执行扫描任务过程中，必须考虑许多因素，如扫描仪架设位置、扫描范围内设置标靶数目、标靶放置位置、方位和所需的成果资料精度。对于使用标靶的扫描设备，3个标靶为最基本的要求，在某些时候标靶也可以用如建筑物转角等特征点或

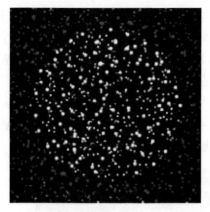

（a）标靶点云 　　　　　　　　　　（b）圆拟合

图 3.4　根据标靶白色区域点云拟合中心点坐标

扫描机位点代替，建立水平面位置和空间方位。一般而言，扫描中将使用 3 个以上的标靶。使用多个标靶的优点是能克服外界不可预计因素的影响，因为野外操作很容易失去标靶信息（风导致标靶抖动、翻倒，车辆行驶的阻挡等），所以多标靶时可以根据具体情况选择性使用标靶信息，并在扫描视场范围内尽可能均匀分布标靶，以提高识别精度，对于多视角扫描也会更方便快捷。

　　另一个因素是扫描设备与标靶间的距离。当使用反射标靶时，最佳的放置是在距扫描设备 100～150m 范围内（图 3.5），当然这与标靶大小也有直接关系。

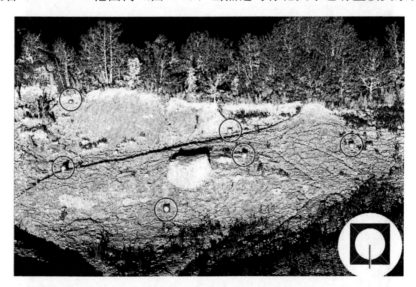

图 3.5　扫描视场的多个标靶

利用标靶进行扫描现场定位控制可以通过以下途径实现。

　　方法一：在有两个已知点坐标的情况下使用。将扫描仪用三脚架设置在一个已知点处，要求将扫描仪旋转机座调整为水平，并将标靶放置在另一个已知点坐标处，用扫描设备对这个已知点处标靶进行扫描（如图 3.6 所示，其中 P1 为扫描机位点，T1 为标靶点），然后在控制软件中输入 P1 和 T1 坐标，这样扫描仪将自动计算其设备空间位置及方位。通过此操作后，在不移站的前提下，扫描仪以底座为基点进行旋转、倾斜等操作都会被系统自动计算，所获取的点云数据都将自动进行坐标转换。移站后可重复操作以上步骤，直至完成整个场地扫描工作（图 3.7）。这样多个扫描站所获取的点云数据不用经过数据拼接，直接进行格式转换，导入的数据便在一个完整的影像中，其中所有的点云数据都为现场已知点在基准系统坐标中。

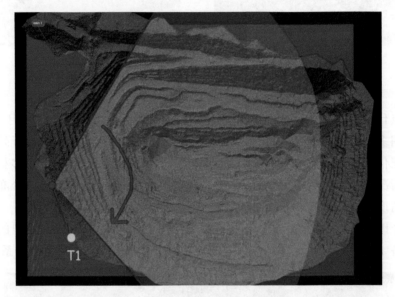

图 3.6　野外定位方法一示意图（引自北京中翰公司多媒体资料）

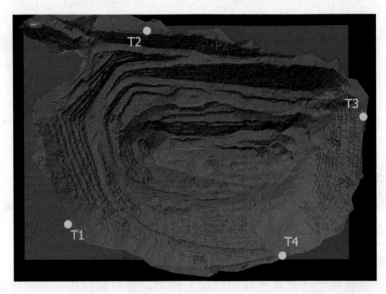

图 3.7　完整扫描定位工作设点布置图（引自北京中翰公司多媒体资料）

方法二：在扫描视场中有多个已知点（3 个或 3 个以上）的情况下使用（图3.8）。此时扫描仪（P1）无需整平也不必放置在已知点处，需将图中的三点 T1、T2、T3 扫描后，将 3 个已知点的坐标输入控制软件中，系统自动计算扫描仪空间位置及方位，然后本站扫描的所有点云数据都将自动计入该坐标系统中。

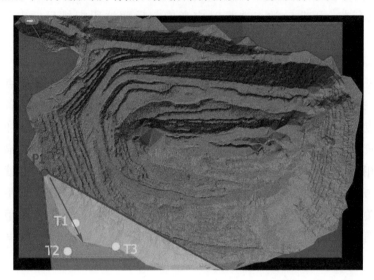

图 3.8　野外标靶定位方法二示意图

（引自北京中翰公司多媒体资料）

以上方法是在扫描过程中利用事先准备的标靶进行控制定位的方法。在实际工作中，由于各种因素的影响，也可以先通过数据拼接后选择 3 个或 3 个以上特征点，根据特征点的情况进行补充测量，然后在软件中进行坐标转换工作。

方法三：适用于低精度的多站点扫描测量，即只需一个已知点坐标，并且保证三维激光扫描设备在具有对中置平装置的情况下使用。将扫描仪架设在一个已知点上，以扫描仪器指定的北方为基准，利用罗盘概略定位出其扫描方位，记录扫描站点的相关信息如扫描概略方位、仪器高度等，获取站点数据后进行迁站。下一站点可重复操作以上步骤，直至完成整个场地扫描工作为止。这样多个扫描站所获取的点云数据通过概略方位进行粗拼接，然后采用共轭面法将所有的点云数据进行平差，转换到所需的坐标系统下。

3.3　扫描测站选择

很多情况下三维空间物体的复杂性决定了扫描过程很难在一个角度或一个站点就可以获取全面的三维数据，大多数情况都需要从不同角度获取扫描物体的三维数据。多角度获取三维数据过程中就需考虑站点位置设置的合理性与科学性。结合扫描数据获取的特点，在选择扫描站点的时候应需注意以下几方面问题。

1. 数据的可拼接性

一般而言，更换站点时为了保证扫描数据表现物体的连续性，需注意前后两站所扫描的目标体应有部分重叠，对于基于点云数据进行匹配拼接的扫描设备，要求重叠部分应达到30％；对于基于标靶拼接的扫描设备，应至少要有3个或3个以上的同名标靶点存在。因此，站点选择时应考虑前后两站所扫描目标点云数据的可拼接性。

2. 点云数据的匹配

这里所提到的"匹配"主要包括两个方面。一是前后两站扫描点云数据采样间距尽可能一致或接近，尤其是对基于点云数据拼接匹配的扫描设备，因为如果两次获取的点云数据采样点间距相差较大，在后期数据多站点拼接匹配过程中，就容易产生较大的拼接误差；为尽量避免这种误差的产生，各站扫描过程中采样点间距尽量相差不大。二是各站扫描距离尽量控制得不宜过大，也就是各站点的设置应尽量与扫描物体间距离变化不大，因为点云数据的定位及测距精度与扫描距离息息相关，其精度误差随着距离的增加而增大；如果站点选择距离目标的值相差较大，两站获取的点云数据精度也就相差较大，这样的点云数据匹配易产生较大误差。

3. 激光入射角的影响

根据激光特性，发射出去的激光在扫描目标体表面反射形成回波信号，从而完成测距过程。当激光在扫描目标体表面入射角较大的情况下，其回波信号较弱或难以返回，这种条件下测得的数据精度较差。换言之，就是在扫描设站过程中，应尽量避免扫描设备发射的激光在目标体表面产生过大的入射角度，能尽可能地使扫描设备的激光发射点垂直于目标体，这样扫描距离最近，精度最高。

4. 重叠部位的选择

基于点云数据拼接匹配的站点选择还需注意前后两站扫描的公共部分，宜选择光滑、规则的物体表面，尽量避免有大量植被等的部位。因为植被枝叶的杂乱及风动等，易造成后期数据拼接产生过大的误差。

5. 扫描测站的稳定性

选择扫描测站点时需选在地基密实、稳定的地点，尽量远离公路等机动车较多的地点，尽可能减少因振动而产生的扫描误差。同时，也需注意风力影响，风力对仪器精度也可产生较大影响，在山区注意避开风口。

6. 点云数据重叠精度

在获取点云数据过程中，越能全面反映扫描目标越好，遮挡越少、盲点越少越好。这就需要设置更多的扫描测站点，但设置扫描测站点过多会造成了点云数据后期拼接的多重性，拼接次数越多，产生误差的几率越大。因此，应在数据的全面性与拼接精度之间取得平衡，设置合理的站点，达到在尽可能少的站点情况下获得尽可能全面的点云数据。

　　根据上述原则，在现场扫描测站选择时，对于高陡边坡工程（包括自然边坡、人工开挖边坡），应该考虑仪器与目标体的有效距离和其他环境因素等，保证仪器和目标体的扫描水平夹角在 30°左右为宜，仰角和俯角不大于 40°；如遇冲沟、山脊较多，或边坡凸凹不平而导致盲区较多时，应搬站进行补扫。如对水电站基坑工程，多采用俯视扫描，需对基坑扫描面进行对角扫描，消除死角和盲区，必要时可在另一个方向的第三点进行补扫。对大洞室扫描面，一般在洞壁两侧进行对扫，如遇洞形不规则、盲区较多时，可在洞底处两侧壁架站，向洞外方向进行补扫。

3.4　扫描测站布设

　　三维激光扫描测站的选取，是测量区域现场数据获取的一个重要步骤。合理的扫描测站点选取不但可以提高效率，节省时间，减少扫描盲区，而且可以提高扫描数据的质量，改善点云数据拼接的精度。

　　现场三维数据的获取方式与研究对象的复杂程度、要表现的精细程度、扫描设备的特性等都有很大的关系。不同品牌扫描设备对现场数据采集测站点的选择不尽相同，除主要考虑扫描距离外，还需要考虑测站尽量选在地势较高视野开阔、交通便捷的地方，扫描范围越大越好，避开地基不稳固且及易受大型作业机械和车辆活动影响的区域，同时考虑后续的控制联测手段，必要时避开大功率无线电发射源、高压线以及大面积水域等地方。

　　自然界地形特征各异，需要依据现场地形因地制宜地选择扫描测站。不同特征地形处扫描测站的布设方式不尽相同，根据不同的扫描现场地形（如孤立型、凸型和凹凸相间型）来设置扫描站点。

　　（1）孤立型，如图 3.9（a）所示。如建筑物、孤山包等物体，这种扫描场景按

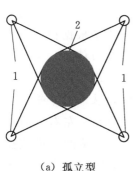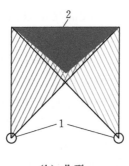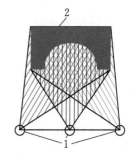

（a）孤立型　　　　　　（b）凸型　　　　　　（c）凹凸相间型

图 3.9　扫描站布设方式

1—扫描站；2—目标体

环绕方式设置不少于 4 个扫描测站完成数据采集，同时需保证与相邻测站扫描区域具有足够的重叠度，首尾扫描站点数据重叠形成闭合，以避免单链式扫描引起点云数据误差累积而导致的首尾拼接误差过大，形成多余的扫描观测条件，有利于拼接后平差处理。

（2）凸型，如图 3.9（b）所示。如原始地形中的山脊部位，为保证此类地形的扫描，需在转折的两侧分别设置扫描站点，如果转折部位较宽，还需加设站点进行补充扫描。此类地形条件尤其要保证具有足够大的重叠度，以避免因两侧扫描站的激光入射角较大而获得的点云数据存在较大误差，因此有必要适当增大重叠度，有助于提高数据拼接精度。

（3）凹凸相间型，如图 3.9（c）所示。这类情况下，需要根据地形特征分类按需布设扫描测站，主要把控相邻扫描站数据的重叠度和物体表面数据的完整性两大关键，同时需要保证扫描测站到目标体的距离基本接近，以及避免过大的激光入射角。

3.5 扫描参数设定

扫描点采样间距除受到设备硬件技术参数的限制外，还应根据不同的扫描目的设置不同的扫描间距。比如获取地形数据只用于采集地形等高线或者剖面线，采样点间距可以设置较大，间距可以在数厘米至十余厘米；如果扫描的目的是做结构面的地质编录，其采样点间距应设置在数厘米至数毫米之间。

总体而言，不管扫描的目的是什么，采样间距越密，反映的扫描物体细节越丰富，其分辨率也就越高。现场数据采集过程中，尽可能将扫描采样间距设置得小一点，以便后期信息提取方便，但也不是越小越好，因为越小的扫描采样间距在同等扫描面积情况下，其获取的点云数据量越大，需要的时间越长，庞大的数据使得后期计算机处理任务繁重，过大的数据量可能导致软件难于处理或超出其计算处理能力，增大了后期数据处理的难度。一般情况是数据后期处理时间要远远大于现场数据采集时间。因此并不是数据采集得越多越好，正确的方法是根据扫描目的在采样间距与扫描时间取得一个平衡，既要保证数据反映足够的细节信息，又要减少现场扫描时间，也就是尽可能让扫描间距大一点。做好这一点是困难的，需要长期的实践经验。不同的扫描设备硬件、不同的后期处理数据软件，选取这个平衡点是完全不一样的。比如 ILRIS - 3D，其采集点云速率一般在 2000pts/s 左右，后期处理软件为 Polyworks，现场每站扫描时间控制在 10min 左右，十多站的扫描数据拼接后基本上就达到了 Polyworks 8.0 的处理极限；虽然后续版本软件加强了对大数据量的处理能力，但在实际使用中还是有很多困难，这是因为文件管理软件系统具有难以克服的弊病。又如 Leica ScanStation2 扫描仪，其最小采样间距可以达到 2mm，其后处理软件 Cyclone 是基于数据库管理的，最大可以管理十亿个点云数据，其可以控制每次调入、显示软件中点云数据的数量，并根据硬件设备实时渲染，这种软件处理模式可以保证在大数据量情况下的程序快速运行，是比较先进的一项技术。同样，Reigl设备的采样间距与扫描距离成正比线性关系，其最小采样间距在扫描距离为10m时可达到亚毫米级，采样间距随扫描距离增大而增大。随机Riscan Pro软件在计算机设备允许的情况下，可管理、处理容量巨大的点云数据，达十亿点以上，对点云数据的调入、显示、处理都较为流畅；各模块程序对海量点云数据的浏览、量测等具有一定的优势，但也并不是说这种方法就不存在问题。Cyclone、Riscan Pro软件是其扫描设备专用的处理软件。其他扫描设备的点云数据是不能直接导入的，而需要进行格式转换，同时如反射强度、彩色信息等数据信息将丢失。而Polyworks是开放的平台，可以处理多种扫描设备的点云数据，在某些方面各具优势。

3.6 数据采集

地面三维激光扫描仪的数据采集包括点云数据采集和影像数据采集。

3.6.1 点云数据采集

不同品牌扫描仪的使用环境和条件不尽相同，在点云数据获取方式上也存在一定的差异，如基于标靶拼接的扫描仪、基于点云数据自动匹配的扫描仪、全站型扫描仪等，获取点云数据方式均不同。

地面三维激光扫描仪必须在厂商规定的环境条件下使用，开机后先预热和静置3~5min再开始扫描工作，以防止激光发射产生大量热能遇冷空气造成激光头的损坏。扫描仪不具有全天候性能，尤其在雨天作业时，因扫描物体表面含有大量的水分，激光遇水产生衰减，无法接收到反射信号。扫描作业过程中应避免仪器震动，同时激光头不得近距离直接对准棱镜、镜面玻璃、大面积荧光屏等强反射物体。每站扫描作业结束，待检查确认获取的点云数据完整无误后再进行迁站。

1. 基于标靶的点云数据采集

采用基于标靶拼接的扫描仪进行点云数据采集时，必须要保证相邻扫描站扫描范围具有足够的重叠度。在视野开阔、视线良好、易于从点云或影像识别的位置布设要不少于3个反射标靶，在扫描测站周边按全圆均分角度、错落有致、均匀分布覆盖扫描对象，严禁布设在一条直线上或偏向一侧，应在扫描站点周围构成一定的空间几何图形。布设时要避开有强反射背景的区域，反射标靶在作业期间稳定并可见，保证与扫描仪激光入射角垂直。在高陡危险、遮挡严重等区域，无法布设定位控制反射标靶的区域；因拼接需要，必须进行标靶布设时，可利用目标唯一、易于识别的陡壁、建筑物、桥梁及线杆等具有棱角的固定地物特征点代替标靶。

基于标靶的数据采集方法的优势在于扫描测站可以任意架设，但要求相邻测站扫描区有共同的反射标靶,扫描时需要对标靶进行精细扫描。该方法适于区域较小的单一扫描工程。

2. 基于自动匹配拼接的点云数据获取

基于点云数据自动匹配拼接的扫描仪,就是将定平对中装置架设在已知点上,无定向点且无须布设标靶,对扫描区域进行扫描获取点云数据。其核心是要求相邻测站扫描区域重叠度不小于 30%,且重叠区域尽量选择在光滑、规则、裸露条件较好的部位。该方法适于高山峡谷区大范围的扫描工程,在作业效率上具有绝对优势。

3. 全站型扫描仪点云数据获取

全站型扫描仪综合了各种测量技术的优点,是智能自动化、免棱镜测量、图像获取和点云扫描于一体的集成设备。其作业方法多样,等于是智能化的超级全站仪:可以在已知点设站,在另一控制点上进行定向,在第三个控制点检核无误后,即可进行点云数据采集;也可以采用后方交会的方法进行任意设站而获取点云数据。不论哪种作业方法都不需要相邻扫描区的重叠度,获取的点云数据无需进行拼接和坐标转换,操作简单,大大减少了控制点布设的测量工作量,作业灵活性高,适用于较大范围的扫描工程。

3.6.2　影像数据采集

地面三维激光扫描仪在获取三维点坐标的同时,也可根据反射激光的强弱获取扫描目标体的灰度值,其灰度值与扫描目标体属性及激光本身特性相关。而彩色信息主要是通过数码相机获取彩色影像,将目标体的彩色影像与点云数据进行纹理映射匹配,并将二维数码照片的像素点色彩信息与对应物体的三维点坐标进行匹配计算,两者叠加后的点云影像就包含了彩色信息。

点云数据彩色信息能更全面地反映物体的表面细节,对识别评价地质几何信息、性状、边界、提取地物特征等有重要意义。点云数据彩色信息获取主要采用内置相机和外置相机两种方式。内置相机是位于扫描仪内部,焦距是固定的,其成像空间位置和扫描点云获取的几何匹配关系在设备出厂时就已标定完成,此时获取的彩色信息不需要后期人工匹配。而对于外置数码相机而言,彩色点云信息的获取一般需要进行后期的手动匹配工作。

在三维激光扫描设备采集彩色数据信息过程中需注意以下几个事项:

(1)彩色信息采集时,应充分考虑天气、光线明暗变化等条件,选择光线较为柔和、均匀的天气进行拍摄,尽量避免逆光拍摄或扫描范围内出现较大区域的光线明暗变化,尽可能一次性采集数码照片,保持相同的光线环境条件,尽可能避免正对光源,如太阳等。

(2)应尽量减少多站扫描及数据拼接,以免造成多站数据拼接后的彩色点云,出现色差,造成影像色彩杂乱现象。

（3）彩色信息尽可能选用外置相机，以获取清晰度更高、色彩更饱满的彩色图像及三维彩色信息。

（4）如采用数码照片后期匹配叠加的点云数据，应先将三维点云数据拼接完成后，利用彩色数码照片通过同名点进行匹配叠加。用此种方法采集彩色数码照片时，为保证匹配精度应尽可能获取大范围的彩色图像，减少贴图次数。

（5）使用外置数码相机获取彩色影像，应尽可能保持摄影角度与扫描角度一致，以免由于两者角度相差过大而导致两者出现遮挡物体角度不同，形成彩色贴图误差。或可自由拍摄，拍摄角度保持镜头正对目标面，无法正面拍摄全景时，先拍摄部分全景，再逐个正对拍摄，后期再合成。

第 4 章　地面三维激光扫描点云数据处理[*]

三维点云数据在获取过程中会受到多种外界因素如植被的覆盖、被扫描物表面的干湿程度、风力和风向、施工粉尘、移动的车辆、人员等的影响，造成点云数据产生噪点，需在后期数据处理中剔除，同时多期点云数据的拼接、坐标转换也是后期点云数据处理的重要工作内容。

地面三维激光扫描获取的现场三维点云数据处理主要包括点云数据预处理、点云拼接与坐标转换、点云数据分类、点云数据精简、纹理映射以及地形要素提取等。制作地形图时还要对扫描区域内的各类属性要素进行识别提取，对无法分辨或判识不确定的，需要按先外后内进行调绘，或以扫描站为单位，以草图形式注记相应区域的要素信息，按照相应比例尺的成图要求，调绘扫描区域内的地物、地貌及植被等信息。

4.1　点云数据预处理

点云数据预处理主要是剔除数据获取中受外界及设备自身等多种因素和某些介质的反射特性影响而产生的明显噪点。

4.1.1　数据格式转换

国内外不同品牌扫描仪原始获取存储的点云数据格式不尽相同，甚至同品牌不同时期的设备其数据格式也存在差异。各品牌设备的点云数据后处理软件也千差万别。一般扫描原始数据，为方便存储，都以压缩格式保留在仪器中；为数据处理的需

---

* 本章由董秀军、吕宝雄主笔，赵志祥校核。

要，多利用随机软件对原始数据进行解压解码转换成随机软件可识别的格式，或转换为通用格式。国内外不同品牌扫描仪原始数据格式见表4.1。

表 4.1　　　　　　　　不同品牌扫描仪原始数据格式

仪器品牌	数据格式	仪器品牌	数据格式
FARO	.fls/.fws	Leica	.ptx/.ptg/.pts
Optech	.scan/.ply	Trimble	.fls/.pts
Riegl	.rxp/.3dd/.ptc	中海达 I ScanHS	.hsr/.hls
Z+F	.zfls	Maptek I-site	—
北科天绘	.imp		
通用数据格式：.Las/.XYZ/.txt/.pts			

4.1.2　点云去噪

在凸出或凹陷物体的临界边缘，激光触碰到目标体后可能会接收到两个甚至更多的反射信号；在工作环境复杂、活动频繁的施工现场时，施工机械的运动、人员走动、树木、建筑物遮挡、施工浮尘及扫描目标本身反射特性的不均匀等影响，都将会造成扫描获取的点云数据中存在不稳定点和噪点，这些点的存在是扫描结果中所不期望得到的。

引起噪点的因素主要包括三类。第一类是由被测对象表面因素如扫描目标体的表面粗糙度、材质、距离、角度等引起而产生的误差。自然界中一些目标体反射率较低而被入射激光所吸收、扫描距离过远或入射激光角度过大使得反射激光信号较弱而产生噪点。第二类是由扫描系统本身引起的误差，如扫描设备的测距、定位精度、分辨率、激光光斑大小、步进角精度以及扫描仪振动等。第三类主要为偶然噪点，在扫描数据采集过程中由于外界一些偶然因素而导致形成点云数据的噪点，如空中漂浮的粉尘、飞虫、移动的人员、机械、植被等在扫描设备与扫描目标间出现，就会造成噪点数据的产生。以上这些点云数据应该在后期处理中予以删除，可以通过点云分块隐藏、旋转角度等方法，选取无用点云数据进行删除。

一般情况下，针对噪点产生的不同原因，可适当采用相应办法消除。第一类噪点，从调整仪器设备位置、角度、距离等办法进行解决；第二类噪点是系统固有噪点，可以通过调整扫描设备或利用一些平滑或滤波的方法过滤掉；而第三类噪点需要通过人工交互的办法解决，对于植被可采样通过设置灰度阀值进行植被剔除，或者人工选择剔除。

4.2　点云数据拼接与坐标转换

地面三维激光扫描仪在数据获取时受遮挡或因视场角限制，很难通过一次扫描得到目标体的完整点云数据，因地形复杂程度和通视条件的不同，大多时候无法一站扫描所需的全部地形数据。为了获得完整的空间三维影像数据需要多角度扫描才能完成。点云数据获取时每幅点云数据都是以扫描仪位置为零点的局部坐标系，不同站点扫描得到的点云数据的坐标系是独立和不关联的，即便有些扫描仪内置了GPS 定位装置和方位传感器，但其精度还远远达不到点云拼接的要求。每个扫描机位点获取的三维数据都是真实场景的部分数据，只有把这些点云数据转换到同一坐标系里，才能重建物体真实的三维空间。由此激光扫描后处理中要对多站点云数据进行拼接。点云数据拼接需对空间数据进行一系列的三维变换，包括平移、旋转等操作。点云数据常用的拼接和坐标转换方法有两类：一类是基于标靶的拼接匹配；另一类是基于几何特征的拼接方法。

点云数据在拼接和转换时因使用设备性能的差异，其方法亦不同。如类似于全站仪、具有对中整平定向功能的三维激光扫描仪，无需采用上述方法，可在已知控制点上设站，通过定向功能获取目标体真实的三维坐标，所获成果为统一的大地三维坐标；带有对中整平装置但无定向功能的扫描仪，其拼接以站点位置为基点调整旋转，使重叠扫描区域点云数据重合。

4.2.1　基于标靶的点云数据拼接与坐标转换

基于标靶的点云数据拼接方式有链式拼接和环式拼接，拼接时按扫描次序依次进行，优先选择扫描质量较好的标靶。通过在前后两个扫描视场中设置公共同名控制点，实现坐标统一。这就要求数据采集过程中将标靶设置在扫描视场范围内，确保在前后两个扫描机位点都能够同时采集到标靶。在点云数据后处理过程中，软件自动识别同名标靶点（3 个以上）在不同视场内的坐标，通过坐标变换的方法求解多视点云坐标转换参数，将扫描仪自建坐标系点云数据转换成统一的大地坐标系点云数据。

4.2.2　基于几何特征的点云数据拼接与坐标转换

多站点云数据拼接较为常用的方法是通过点云匹配来完成。通过搜索相邻两幅点云图之间重叠部分的几何空间特性，求解多站点云拼接参数。这种拼接算法的精度主要取决于点云采样密度和点云质量，如植被过多等会造成拼接精度下降，采样点间距偏大也会造成拼接精度的降低。此算法要求待拼接的点云数据三个正交方向上有足够的重叠，这些重叠部分为匹配计算提供样本数据。根据已有的扫描经验，两站扫描数据重叠部分最好能占整个三维影像的 20％～30％，如果重叠率设置太小，拼接的精度则难以保障；重叠率设置太大，现场数据采集的工作量势必要增大。

理论上，点云数据的拼接就是使所有来自两幅扫描点云图中的同一点的点对 (p_i, q_i) 满足同一变换矩阵 T，即使得式（4.1）方程成立：

$$\forall p_i \ni P, \quad \exists q_i \ni Q, \quad \| Tp_i - q_i = 0 \| \tag{4.1}$$

式中：P 和 Q 意义为两次扫描的三维点云集。

计算时直接求解方程式（4.1）是十分困难的，因为在数据拼接计算时需要解决两个问题：一个是公共"点对"的查找问题；另一个是变换矩阵 T 的求解问题。为了解决数据拼接的问题，可以采用计算机搜索，将方程求解问题转化为搜索变换矩阵 T 满足式（4.2）中的 Error 最小即可，拼接计算中 Error 最小一般需要给出一个误差值，当搜索达到这个误差值要求时便可停止搜索计算。

$$\text{Error} = \sum_{i=1}^{N_t} \| Tp_i - q_i \|^2, \quad q_i = \min \| Tp_i - q \| \tag{4.2}$$

式中：Error 为同名点对距离，即拼接误差；p_i 和 q_i 分别代表 P 和 Q 中的任意"点对"。

将两站点云数据坐标匹配统一，需要经过坐标轴系的旋转与平移。如图 4.1 所示，将坐标系 o-xyz 通过坐标轴旋转后，再将旋转系的原点平移到参考系 O-XYZ 的原点上，坐标轴系旋转和平移分别可用式（4.3）和式（4.4）表达。

旋转矩阵表达为

$$\begin{bmatrix} X \\ Y \\ Z \end{bmatrix} = R(\alpha,\beta,\gamma) \begin{bmatrix} x \\ y \\ x \end{bmatrix} + T \tag{4.3}$$

其中，平移矩阵为

$$T = \begin{bmatrix} x_0 \\ y_0 \\ z_0 \end{bmatrix} \tag{4.4}$$

其中 x_0、y_0、z_0 分别为在三维坐标轴方向上的平移量。这样坐标转换模型就包含了 3 个平移参数 x_0、y_0、z_0 和 3 个旋转参数 α、β、γ，利用此转换矩阵计算模型可以将 o-xyz 中的点云数据坐标 (x, y, z) 转换到参考系 O-XYZ 中。

设定 3 个坐标轴旋转次序依次为 Y、X、Z，沿各轴旋转角度分别为 α、β、γ，由此式（4.3）可改写为

$$\begin{bmatrix} X \\ Y \\ Z \end{bmatrix} = R_x(\alpha)R_y(\beta)R_z(\gamma) \begin{bmatrix} x \\ y \\ z \end{bmatrix} + T \tag{4.5}$$

如图 4.1，当坐标轴系绕 Z 轴旋转 γ 角后，其旋转矩阵 $R_z(\gamma)$ 为

$$R_z(\gamma) = \begin{bmatrix} \cos\gamma & \sin\gamma & 0 \\ -\sin\gamma & \cos\gamma & 0 \\ 0 & 0 & 1 \end{bmatrix} \tag{4.6}$$

同理可得，坐标系绕 Y 轴旋转 β 角、绕 X 轴旋转 α 角的旋转矩阵分别为 $R_y(\beta)$ 和 $R_x(\alpha)$ 为

$$R_y(\beta) = \begin{bmatrix} \cos\beta & 0 & \sin\beta \\ 0 & 1 & 0 \\ -\sin\beta & 0 & \cos\beta \end{bmatrix} \tag{4.7}$$

$$R_x(\alpha) = \begin{bmatrix} 1 & 0 & 0 \\ 0 & \cos\alpha & \sin\alpha \\ 0 & -\sin\alpha & \cos\alpha \end{bmatrix} \tag{4.8}$$

由 $R(\alpha,\beta,\gamma) = R_x(\alpha)R_y(\beta)R_z(\gamma)$ 可得

$$R(\alpha,\beta,\gamma) = \begin{bmatrix} \cos\beta\cos\gamma & \cos\beta\sin\gamma & -\sin\beta \\ -\cos\alpha\sin\gamma+\sin\alpha\sin\beta\cos\gamma & \cos\alpha\cos\gamma+\sin\alpha\sin\beta\sin\gamma & \sin\alpha\cos\beta \\ \sin\alpha\sin\gamma+\cos\alpha\sin\beta\cos\gamma & -\sin\alpha\cos\gamma+\cos\alpha\sin\beta\sin\gamma & \cos\beta\cos\beta \end{bmatrix}$$
$$\tag{4.9}$$

综上，点云数据的拼接匹配需计算得到 6 个转换参数 $(x_0,\ y_0,\ z_0,\ \alpha,\ \beta,\ \gamma)$，解出这 6 个参数需指定不少于 3 对同名点。

前后两幅扫描点云图都包含有海量的点云数据，由于其各自拥有独立的坐标系统，如果通过软件自动搜索完成匹配不仅需要大量的计算时间，而且很可能导致搜索匹配失败。因此，往往需要人为指定 3 个或更多的同名点，先将两幅点云影像数据初步匹配，使得两幅影像数据同名点更为靠近，然后再由处理软件进行搜索找到误差最小的矩阵转换参数，从而完成拼接匹配。比如，在三维点云处理软件 Polyworks 中的 IMAlign 拼接模块中，导入待拼接的两幅点云数据，将其中一幅作为基准锁定，然后指定 3 个同名点（图

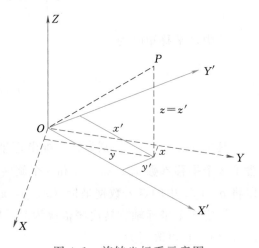

图 4.1　旋转坐标系示意图

4.2），软件将未被锁定的点云影像初步进行几何变换，根据指定的同名点将两幅点云数据重合（图 4.3），然后根据人工指定的搜索范围进行计算匹配，使得点云数据 Error 值最小（或满足设定的误差要求），达到设定要求后搜索计算停止，两幅点云数据拼接匹配完成（图 4.4），如计算值不收敛，则需重新设定搜索参数直接计算数值收敛。三维点云数据的拼接过程需要设定误差参考值和拼接搜索范围值，随着匹配计算次数的不断增加，其 Error 值越接近设定的误差允许参考值，直到 Error 值小于误差参考值搜索计算停止，否则计算结果不收敛，拼接失败。三维点云数据拼接完成后，通过拼接软件可查询拼接误差分布情况（图 4.5）。

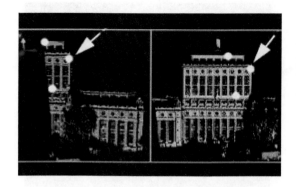

图 4.2　IMAlign 中同名点的选取　　　　图 4.3　点云数据的拼接

图 4.4　拼接完成图　　　　图 4.5　拼接误差显示

　　实践表明，两期点云数据初始的同名点重合操作较为理想，指定的搜索范围也适合，那么点云搜索匹配计算量就小，很快便可完成数据拼接。另外，需要注意的是指定的搜索范围不当可能导致拼接精度的下降。

4.3　点云纹理映射

　　三维激光扫描设备获取点云数据本身是不具备彩色信息的，而是需要通过后期的数据处理将数码相机获取的彩色影像与点云数据在位置上形成一一对应关系。这样更能真实直观显示物体所有的细节及特征，形成带有纹理彩色信息的 3D 模型（图 4.6 和图 4.7）。

　　目前，大多数激光扫描设备都有内置数码相机或外置相机，在点云数据获取的同时，相机也拍了同轴的数码照片信息。点云数据与纹理在很多细节的反映上有着互补的特性。在点云数据调查中，有时点云显示细节看得更清楚，而有时彩色信息更能说明问题。彩色信息体现了现实物体的客观属性，也是点云数据中重要的附加信息。在工程地质勘察及相关研究中，色彩信息往往也具有重要的参考价值。

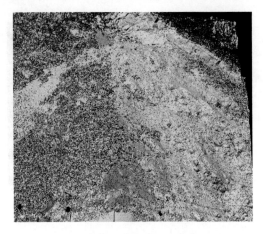

图 4.6　原始点云数据 　　　　图 4.7　附加彩色信息的点云数据

　　由此可知，点云数据的彩色信息来源于数码照片与三维点云数据配准的纹理映射。数码相片的获取主要包括两个方面。

　　一类是激光扫描设备内置的相机，其与扫描仪内部原点的空间位置关系相对固定，内置相机的焦距也是固定的。换言之，内置相机获取的图像与点云数据的映射关系是固定不变的，只要在设备出厂时标定好后，通过后期的数据处理或者计算机自动处理后，获取的点云数据就可以是彩色的。但大多数情况下，内置相机映射的彩色信息点云数据还不是十分理想，问题出现在内置相机获取的彩色图片质量上，由于内置相机定焦距，而且目前内置相机技术还不能完全同步于市场上使用的数码相机获取的图片质量，故内置相机数码图片质量较独立数码相机获取的图片质量要差很多。

　　另一类是外置相机获取图片，外置相机又包括两种方式：一种是相对固定焦距、固定位置的外置相机，通过对外置相机位置的校准后，得到校准参数通过相应软件处理，便可将该相机获取的彩色图像映射到点云数据中，这种方式采用比较典型的设备如 Riegl 扫描仪；另一种是任意位置的数码相机获取图像方式，也就是说这种方式的外置相机，不受空间位置的影响，其是通过目标体与彩色数码相片间的特征点进行映射匹配的。采用这种匹配方式的扫描仪有徕卡的激光扫描设备等。

　　综合起来，采集彩色点云数据主要存在以下问题。

1. 内置相机参数设定难度大

　　目前的扫描设备基本上都配置了内置的数码相机，但这些相机与普通的数码相机还是有很大区别的，内置相机很多参数需要人工干预，不能做到"傻瓜"式。比如 Optech ILRIS‑3D 系列扫描仪，其内置相机就需要设置如曝光值、Gama 值、白平衡等多项信息，设置不好容易出现偏色等问题，操作此项内容需要丰富的经验与一定的摄影光学知识，因此设置参数难度较大。该设备设置彩色信息时也可采用自动校正，然后手动根据具体效果修正的方式进行。

2. 外置相机彩色相片与三维点云数据配准不精准

　　对于外置相机位置相对固定的扫描设备，如 ILRIS‑3D、Riegl 等扫描设备都是将单反定焦距的数码相机固定在扫描设备上，在扫描的同时获取外部数码相片，在数据后期处理时将外置相机的彩色信息根据相对应的映射关系匹配到点云数据上面。这种方式避免了内置相机的缺点，但外置相机因微小的固定误差、扫描目标距离的变化、校准参数的误差等都将导致外置相机彩色信息与三维点云数据不能完全匹配，存在彩色信息的偏移等问题（图4.8），这也是目前三维数据彩色信息发展的瓶颈之一。对于不固定位置的外置扫描相机而言，如Leica ScanStation2，采用不定焦距、不定位置的外置相机采集数据，其对数码相机要求较低，完全是通过三维点云数据与彩色图像像素，利用公共点进行校准匹配，其优点是图像采集灵活、方便匹配、精度高，缺点是后期数据处理工作量大。

图4.8　彩色点云配准误差

综合比较，外置相机较内置相机彩色信息效果好，其数据彩色信息匹配精度更高、更灵活，但数据处理工作量较大。

3. 多站图像彩色信息不协调

根据扫描设备采集彩色信息的原理，每次扫描过程中都采集目标体的彩色信息。采集过程中都是在扫描站点所在环境条件下进行的，也就是说不同扫描站点的光照条件是变化的，这样得到的每站扫描彩色点云数据都是独立条件下的彩色信息，由于光线条件的多次变化，导致彩色图片采集过程中各项参数都在变化。这种情况的最终结果就是点云数据拼接后，各站点云数据的彩色信息不协调，会形成彩色信息的杂乱，这是内置相机和相对固定位置的外置相机采集彩色信息无法避免的现象（图4.9）。

对应外置数码照片的耦合，以Leica ScanStation2激光扫描仪为例，其

图4.9　内置相机多站彩色信息

内置的同轴数码相机，用户可定义像素分辨率为高、中、低三种，其单帧图像 24°×24°（1024×1024 分辨率），在扫描设定为 360°×270°全角扫描状态下，内置同轴相机可采样 111 幅图像，相片空间位置自动矫正，其彩色信息的采集效果相当不错。但由于受目前的技术瓶颈限制，所有的三维激光扫描仪内置相机的性能都无法与日常使用的数码相机相媲美，如分辨率、自动曝光、色彩平衡、对焦等性能，特别是在野外现场光线变化复杂的条件下，更显其缺点。因此，采用外置数码相机获取的相片与三维点云数据进行耦合，得到近于完美的彩色点云数据。图 4.10 和图 4.11 分别为内、外置相机获取的彩色信息。

图 4.10　Leica ScanStation2 内置相机获取的彩色信息

图 4.11　外置相机照片与点云耦合后的彩色信息

通过指定点云数据与彩色数码照片像素点间的对应关系（一般要指定 6～10 个点或者更多），图 4.12 为 Cylone 软件中进行照片耦合时选取的特征点，共选择了 7 个特征点，从而将外置相机获取的彩色信息与三维点云数据进行准确耦合。

图 4.12 选取数码照片中的特征点

4.4 点云数据分类

三维激光扫描仪获取的海量三维数据中，包含了各类信息的点。因使用扫描仪的目的不同，对点云数据类型的关注重点也不同，除将外业获取的明显噪点剔除外，其他数据需要进行合理分类，以供不同行业人员使用或进行数据的后期加工。点云数据所有点同层归类，不同属性的点用不同的颜色显示，譬如分出的最低点、低于地表点、地面点、植被点、建筑物点、专题点等。点云数据的分类可采取以下方式进行。

1. 手工分类

如人工手动剔除点云数据中的植被，就是在点云处理软件中，对于数量比较少且孤立生长的高大植被，通过旋转到合适的视场角度来选择并剔除（图 4.13）。这种方法的优点是植被剔除过程比较简单，准确性也比较高，缺点是只能处理少量的植被，效率比较低。

2. 按激光反射强度分类

由于不同物质的激光反射强度不同，因此点云数据产生的激光反射强度值也不一样，在很多三维后处理软件中，可以通过激光反射的强度信号来区分不同的物质，这样就可以快速选择植被并将其剔除（图 4.14）。此种方法适合处理比较大范围内的浓密植被，但是对于树干等点云数据剔除效果不好，总体来讲剔除植被的精度不高。

3. 构建模型分类

比如 Polyworks 软件提供了一个 DTM 模型表面来剔除地表上的一些杂草及干扰物体（图 4.15）。在数据处理过程中需指定一个数字高程表面。这种方法适合地面较为平整、起伏不大的条件，在植被密度不是很大的情况下，具有一定的适用性。

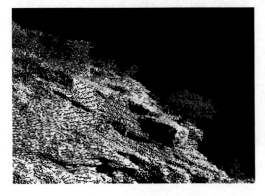

图 4.13　剔除独立的植被　　　　　图 4.14　根据点云反射强度值剔除植被

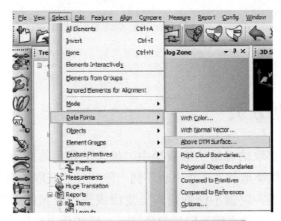

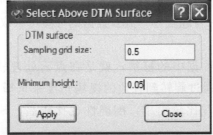

图 4.15　剔除模型表面以上的植被

4. 利用多回波技术分类

多回波技术最早应用于机载激光扫描设备中，其基本原理是扫描设备发射一束
激光束，由于激光是具有一定直径大小的光斑，当激光光斑接触到物体，尤其是植被的叶片或者枝干等部位边缘时，激光束会形成多次的回波数据，直至最终的地面数据被反射。伴随技术的发展这种多回波技术后来被用于地面型激光扫描设备当中。这种技术对于植被的识别与剔除非常有效，如图 4.16～图 4.18 所示，为 Riegl 地面三维激光扫描仪多回波技术获取的三维点云数据。Riegl 公司把这一系列多次回波点云数据区分为四大类波形：单一次回波（绿色），第一次回波（黄色），其他次回波

图 4.16　利用多回波技术获取的三维
激光扫描点云数据

（浅蓝色），最后一次回波（蓝色）。按照设计的技术原理，一般情况下单一次回波数据测量的部位要么全部激光的光斑打在植被上面没有形成多次反射，要么就是直接测量到地面而形成唯一一次回波。最后一次回波数据既有可能没有测量到地面数据也有可能达到地面，而对于第一次回波和中间的多次回波可以认为都是植被造成的多次反射形成的数据。由此，在实际测量中应用单一次回波与最后一次回波数据，剔除第一次和中间的回波数据，基本上可以剔除大量植被形成的干扰数据。在剩下的点云数据中，植被残留的点云数据比较少，再通过人工手动进行剔除。

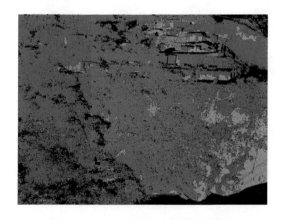

图 4.17　通过过滤选择植被数据

图 4.18　剔除植被后的地面数据

利用多回波技术剔除植被，效果比较理想，是目前植被剔除较为有效的方法之一，但前提是扫描设备硬件要支持多回波技术。

5. 多尺度维度分类

三维激光扫描设备发射的激光束都是有一定规律的，也就是说当有序的激光束打到规则的连续物体表面时，形成的点云影像数据本身也是具有一定的几何空间特征的。当激光束打到杂草、树木等物体时，这些物体与岩体、地面相比较，点云形态杂乱无章，且这两类物体的点云形态在几何尺度上差异明显，目前，点云分类算法中一种新的点云分类研究方向，是根据不同地物在不同尺度下呈现出不同特性来对点云数据进行分类。

多尺度维度特征是点云在不同比例尺下的局部维度特征，即通过"局部维度"研究点云的几何特征，使点云在一个给定位置和比例尺下表现为一条线（1D）、一个平面（2D）或分布在整个区域（3D）中，对同一部分点云，采用不同尺度呈现不同维度特征。图 4.19 为某河滩的点云数据。河滩边坡表面由大小不同的岩石、卵石和高低不等的植被等组成。在几厘米的尺度下，岩石看起来是二维平面，碎石是三维表面，植被则由一维（茎）和二维（叶片）元素混合组成；在大尺度（如 50cm）下，岩石大部分呈现为二维，碎石看起来更像二维平面，植被看上去则更像三维。因此可以结合不同尺度下的维度特征作为区别不同对象类别的依据。在这一方面，国外的 Brodu、Lague 和国内中国水利水电科学研究院的刘昌军等都对这一方法开展了较多的研究。

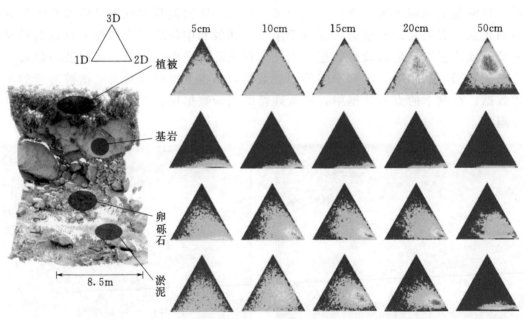

图 4.19　地物点云多尺度维度的分类特征（根据 Brodu 等）

在已有理论研究的基础上，利用地物点云多尺度维度特征开展计算机编程研究。基于通用三维点云处理软件 Polyworks 为运行平台，以软件插件的形式对点云数据中不同地物多维度尺度特征进行分析计算，从而实现点云数据中植被的识别与剔除。

1. 核心算法的基本原理

线性判别分析 LDA（Linear Discriminant Analysis）算法，也被称为 Fisher 线性判别（Fisher Linear Discriminant，FLD），是模式识别的经典算法。这一算法是在 1996 年由 Belhumeur 提出的，在模式识别和人工智能领域应用较为广泛，比如人脸面部特征识别等。其核心的思路是将高维的模式样本投影到最为理想的鉴别矢量空间，从而实现抽取分类信息以及压缩特征空间维数的目的。在样本投影过程中，要确保模式样本在新的子空间范围内满足一定的条件，使其具有最大的类间距离和最小的类内距离，也就是说模式样本在该空间中有最为理想的分离特性。

LDA 的数学表达可以进行如下描述：假设一个 R^n 空间，空间内有 m 个样本。这 m 个样本依次为 x_1，x_2，…，x_m。而每个样本 x 都是一个 n 行的矩阵，其中 n_i 表示属于 i 类样本的数目，假设有 c 类样本数。

则
$$n_1 + n_2 + \cdots + n_i + \cdots + n_c = m \tag{4.10}$$

由此，i 类的样本平均值可推导为

$$u_i = \frac{1}{n_i} \sum_{x \in \text{classi}} x \tag{4.11}$$

根据类间离散度矩阵和类内离散度矩阵定义，可得

$$S_b = \sum_{i=1}^{c} n_i (u_i - u)(u_i - u)^{\mathrm{T}} \tag{4.12}$$

$$S_w = \sum_{i=1}^{c} \sum_{x_k \in \text{classi}} (u_i - x_k)(u_i - x_k)^{\mathrm{T}} \tag{4.13}$$

式中：S_b 为类间离散度矩阵；S_w 为类内离散度矩阵；n_i 为属于 i 类的样本个数；x_i 为第 i 个样本；u 为所有样本的均值；u_i 为 i 类的样本均值；$(u_i - u)(u_i - u)^{\mathrm{T}}$ 为类协方差矩阵；$(u_i - u)(u_i - u)^{\mathrm{T}}$ 意义表述为类与样本总体之间的关系。

在这个类协方差矩阵中对角线上的函数所表达的是类相对于样本的总体方差（即样本分散度）。而矩阵中非对角线上的元素表达的是该类样本总体均值的协方差（该类和总体样本的关联度），式（4.12）可以将所有样本中各个样本，依据所属的类计算出样本与总体样本的协方差矩阵的总和，从而表达所有类和总体之间的关联度。基于这一原理，式（4.13）表达计算的是类内样本和所属类之间的协方差矩阵之和，在宏观上是类内各个样本与类之间的离散度。

LDA 作为一个经典的分类算法，最终期望得到的结果便是类之间耦合度越小越好（类间离散度矩阵中的数值越大越好），而类内的聚合度越高越好（类内离散度矩阵中的数值越小越好）。

在分析计算中，需要引入 Fisher 鉴别准则，其表达式如下：

$$J_{\text{fisher}}(\varphi) = \frac{\varphi^{\mathrm{T}} S_b \varphi}{\varphi^{\mathrm{T}} S_w \varphi} \tag{4.14}$$

上式中 φ 为任一 n 维列矢量。Fisher 线性鉴别分析中，选取的就是使得 $J_{\text{fisher}}(\varphi)$ 达到最大值的矢量 φ 作为投影方向，也就是投影后的样本要具有最大的类间离散度和最小的类内离散度。

将式（4.12）、式（4.13）代入式（4.14）可得

$$J_{\text{fisher}}(\varphi) = \frac{\sum_{i=1}^{c} n_i \varphi^{\text{T}}(u_i - u)(u_i - u)^{\text{T}}\varphi}{\sum_{i=1}^{c}\sum_{x_k \in \text{classi}} \varphi^{\text{T}}(u_i - x_k)(u_i - x_k)^{\text{T}}\varphi} \tag{4.15}$$

设矩阵

$$R = \varphi^{\text{T}}(u_i - u) \tag{4.16}$$

其中 φ 假定为一个空间，那么 $\varphi^{\text{T}}(u_i - u)$ 即是 $(u_i - u)$ 构成的低维空间的投影。而 $\varphi^{\text{T}}(u_i - u)(u_i - u)^{\text{T}}\varphi$ 就可以表示为 RR^{T}。当研究样本为列向量时，RR^{T} 即表示 $(u_i - u)$ 在 φ 空间的几何距离的平方。

根据以上分析，便可推导出 Fisher 线性分析表达式中，分子是样本在投影 φ 空间下的类间几何距离的平方和，分母是样本在投影 φ 空间下的类内几何距离的平方差。由此，分样本类问题主要为样本到低维空间的投影，分类的最佳效果是确定投影类间距离平方和与类内距离平方差之比最大。

2. 插件开发的基本过程

插件程序采用 C＋＋开发编程，开发平台为 Microsoft Visual Studio 2010 和 Polyworks SDK 2014。利用 Polyworks 提供的 COM 接口，在 Microsoft Visual Studio 2010 中建立 ATL 工程，实现与 Polyworks 之间的通信连接。其计算流程大致如下。

图 4.20 植被茂密的三维点云数据

（1）数据准备。如图 4.20 所示，为一典型的山区地貌的点云数据。从点云数据中可以清晰地看到斜坡周边植被发育，对于这类点云数据，传统方法对植被难以准确剔除。而点云分类的插件程序能将植被和地貌分开，准确率可以达到 95% 以上。

数据准备的首要步骤是分别选择典型的地形点云数据样本和典型的植被点云数据样本，并将两者分别以文本形式保存，如图 4.21 所示。

（2）启动插件程序，设置参数。启动插件程序，点云分类插件界面如图 4.22 所示。插件程序界面需完成导入原始点云数据、设置输出分类点云数据存储位置、导入地形和植被的样本数据，并设置每个样本集的尺度比参数（如可设置为从 0.5～5m，间隔 0.5m）。点击程序运行，开始分类计算。

图 4.21　选取地表和植被的样本数据

图 4.22　点云分类插件界面

（3）生成尺度比文件。根据样本集点云数据及设定的尺度比参数，插件程序自动生成分类尺度比文件。每个点云样本都有单独的一个尺度比文件。

（4）通过 LDA 建立分类器。插件程序调用不同的尺度比文件，通过 LDA 线性判别式分析（Linear Discriminant Analysis）建立一个分类器。插件程序对这个分类器文件进行验证。

（5）三维点云数据分类计算。根据这个分类器文件，对整个场景的点云文件进行分类处理，生成不同类别的三维点云集。

（6）在 Polyworks 软件中实现点云分类。将计算出不同类别的三维点云集导入 Polyworks 的目录树中，由此完成点云分类，也就实现了植被点云数据的提取。

图 4.23 显示的是经点云分类插件程序

图 4.23　分离完成的点云数据
（绿色的为植被点云）

计算后得到的结果，从图中可以清晰地看到程序已经将茂密的植被点云数据搜索出来并和地形点云数据分离。图 4.24 中可以看到植被数据和地形数据分开。由此不难看出此插件程序可以有效地完成植被点云数据的分离剔除，不需要扫描设备硬件支持，几乎所有的扫描采集的点云数据都可以使用其进行点云植被的剔除分离，完成复杂环境条件下的分类计算，准确率非常高。目前该插件在算法优化、程序的系统集成、人性化交互等方面还有很大的提升空间，还需继续进行研究，但可以看出此方法是植被剔除有效的方法之一。

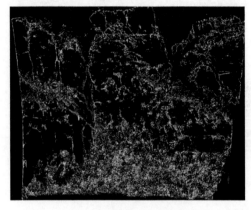 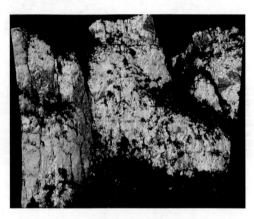

（a）分类后的植被点云数据　　　　　　　　（b）分类后的岩体点云数据

图 4.24　植被和地形分离开的点云数据

4.5　点云数据模型化

根据三维激光扫描技术的原理，点云数据并不是先天具有彩色信息，而是通过后期的数据处理。因从内置或者外置的数码相机获取的彩色照片中提取色彩信息，通过坐标匹配后期将彩色信息叠加到点云数据中，这就导致了激光扫描数据的彩色信息存在一定的误差。这是目前三维激光扫描技术无法克服的。但是激光扫描技术中，利用激光对不同物体属性反射强度的差异而获取的物体灰度信息，是直接从激光数据中读取的，是伴随激光测距而直接得到的信息，这个灰度信息是准确无误的。三维激光扫描技术经过数年的发展，无论采用何种激光测距的原理、何种激光的频率，其采用点云坐标数据表现几何物体空间形态的方法都是一致的。市场中各种各样的三维激光扫描仪无外乎是在扫描精度、扫描距离、视场角大小、采样分辨率、多次回波采样等技术上做文章。

对被测量物体而言，离散点表达的空间几何特性是有限的、不细致的，色彩信息是不连续的。将这些离散的点连接起来，形成连续的面，用这些面来表达现实世界中的物体表面更为连续、更为全面、更为细致，因此便出现了"模型化"的概念。在三维技术中，无论是三维激光扫描技术还是摄影测量技术，将点连成线的理论与方法都是一致的。

将三维点云坐标数据构网生成数字表面模型，再由点生成面的构网过程中，既可以是规则的矩形网格，也可以是不规则的三角网格。对于非地形测量生成的模型，往往由于空间形态复杂，在构网过程中多采用三角网格；对于地形测量的三维模型而言，大面积的地形模型多采用规则的矩形网格形式；复杂多变的地形或者高精度的地形模型，多采用三角网格模型，在生产应用过程中也衍生出了混合的构网模型，只是应用得较少而已。

在点云数据模型化过程中，通常采用数字地形模型（DTM）、数字高程模型（DEM）、数字地表模型（DSM）等模型进行表示。

1. 数字地形模型（DTM）

数字地形模型（Digital Terrain Model，DTM），或称为数字地面模型，是以数字的形式来表示实际地形特征的空间分布，主要用于遥感、地理信息系统、大地测量和电子地图等领域，借助电脑和地理信息系统软件，数字地面模型数据可以用于生成地形高程等值线图、透视图、坡度图、断面图、渲染图及与数字正射影像（DOM）复合生成的景观图，或者计算物体对象的体积、表面覆盖面积等，还可用于空间复合、可比性分析、表面分析、扩散分析等方面。DTM 在空间分析和决策方面发挥越来越大的作用。

2. 数字高程模型（DEM）

数字高程模型（Digital Elevation Model，DEM），是数字地形模型 DTM 的一个分支。主要是描述地表起伏形态特征的空间数据模型，由地面规则格网点的高程值构成的矩阵，形成栅格结构数据集。数字高程模型是对地貌形态的虚拟表达，也可与正射影像或其他信息数据叠加使用。DEM 的网状结构如图 4.25 所示。

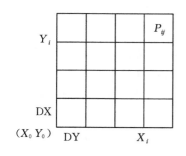
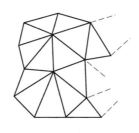
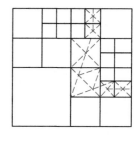

（a）规则网格　　　　　（b）不规则三角网　　　　　（c）混合式三角网

图 4.25　DEM 的网状结构

3. 数字地表模型（DSM）

数字地表模型（Digital Surface Model，DSM），包含了地表建筑物、桥梁和植被等高度信息和地面高程的模型。DSM 是地物表面的模拟，包括植被表面、房屋的表面等。对 DSM 进行加工，剔除房屋、植被等信息，可以形成 DEM。

第 5 章　地面三维激光扫描测量技术及应用*

　　随着传统全站仪、GPS、摄影测量等空间信息获取技术手段的不断完善，其已然成为测绘工作中不可或缺的部分。这些技术实用性强，但野外工作量大，效率低，受地形条件限制大。由于自然界复杂多样，传统的测量手段数据获取效率较低或数据精度不高，难以准确反映自然界物体的真实状况，尤其是在地形复杂、人员难以到达的高陡山区，地表数据获取更是会遇到巨大的困难，即便免棱镜全站仪也经常会遇到测量距离不够、测量效率低的问题，达不到理想效果。

　　三维激光扫描技术是测绘领域继 GPS 技术之后的一次技术革命，改变了数据的采集模式，具有速度快、精度高、使用方便、自动化程度高、劳动强度低、受外界环境影响小等独特的技术优势。正是这些技术优势大大降低了生产成本，提高了工作效率，并可有效解决一些传统测绘手段中无法解决或处理效果不理想的问题。

　　地面三维激光扫描测量适宜于 1∶2000 及更大比例尺地形图的测绘，数字线划图（DLG）、数字高程模型（DEM）、数字正射影像图（DOM）的生产；适应于表面变形、接缝与裂缝开合度、洞室变形等变形监测项目；适合于建筑立面测绘、建筑物三维建模、文物保护、逆向工程等测绘工作。

　　利用地面三维激光扫描测量技术可获得能直观反映出扫描物体细部特征及倒倾陡崖地形地貌的连续的高密度三维点云。其应用基础离不开点云数据的高密度，因获取的点云数据除包含每点的三维坐标外，还包含颜色、反射强度等信息。根据这些信息，可直接以三维点云为基础底图进行解译识别或数据深加工处理，建立高精度的数字地面模型，可量测任意点、任意尺寸或角度的物体，生成各种比例尺的地形图、平面图、剖面图、等高线图、面（体）积等。

5.1　高密度点云数据地形成图处理方法

　　三维激光扫描技术应用于测绘领域，并将该技术与传统的测绘方法结合，使其

---

　　*　本章由吕宝雄、董秀军、赵志祥共同执笔。

在工程应用中不断扩展，开创了测绘新方法，在艰、难、险、重地区的地形测绘工作中发挥了巨大作用，实现了数字化测量高效、精确的目标，解决了很多具有现实意义的问题。

三维激光扫描技术作为获取空间数据的有效手段，可大面积高分辨率地快速获取被测对象表面的三维坐标数据。由于获取的点云数据量巨大，达到了百万级甚至亿级，三维点间距达到毫米级，其数据量和密度是传统测绘方式无法比拟的。这些海量三维点云数据坐标中不仅包含着地形高程信息，还有地物影像信息、植被信息、粉尘信息、车辆噪点等，如果不进行适当处理，直接应用于地形图测量工作，势必会为后续的地形成图工作带来难以想象的困难。三维激光扫描仪自带的随机软件为非专业的测量成图软件，生成的三维地形等高线线型、格式及图层都不符合测量专业计算机制图规定，很多时候需对点云数据做后续处理，然后导入到传统的测量成图软件中，从而生成能满足各种需求和要求的线型、格式及图层。

对于三维点云数据中的粉尘、车辆、植被等噪点数据的预处理，在数据后处理章节进行了详细的论述，这里不再赘述。

5.1.1 基于点云数据的地形成图数据的抽稀方法

测量成图软件目前都较成熟和完善，能满足现有测图规范及标准。因此基于三维点云数据的成图，最好是在点云数据中提取地形特征点，然后将其导入到成图软件中完成地形图绘制。

三维激光扫描仪所获取的地形点云数据量非常大，点云密度也是传统测量成图软件无法处理的。过多的坐标点会导致计算机运行、存储和操作的效率低，而且在成图软件中构网时也需要大量的时间；另外，过于密集的点会导致构网模型的光顺性较差，从而影响到地形图的美观。因此，必须对点云地形数据进行抽稀处理，处理过程中既要保证数据的细节和精度，同时要考虑成图后的地形精度。

为满足点云抽稀和数据精简的目的，国内外学者在测量数据精简算法方面做了大量的研究工作。根据三维坐标数据采集来源不同，其数据组织结构也完全不一样，针对不同的数据结构有着不同的精简算法，归纳起来常见的数据精简方式主要有如下几种：

（1）线状结构坐标数据的精简，大致包括了均匀采样法、角度偏差法、弦高差法、最小距离法、弦值法和角度弦高法等。

（2）阵列式获取的点云坐标数据，精简方法可以采用百分比缩减、等间距缩减、弦高差等。

（3）三角网格模型点云坐标数据，数据精简处理中最为常用的算法包括了等分布密度法、最小包围区域法等。

（4）无序的散乱坐标数据，可以采用均匀网格法、随机采样法、包围盒法和曲率采样等方法对点云数据进行抽稀简化处理。

用于衡量一个地形点云数据抽稀精简的效果，并不是保留地形细节越多越好，也不能简单地以坐标点数量的多少来评价，最优的结果应该是尽可能少的点坐标数据表达出最为丰富的地形信息，在两者之间取得平衡。

除了自动抽稀点云外，还可以根据地形情况人工选取地形特征点，这种方法虽然效率较低，但是可以像传统测量一样对关注的点位进行获取，只不过这一过程是在计算机中完成的。

5.1.2　基于分类地面点的地形成图数据的抽稀间距

任何比例尺的地形成图都需要有一定数量的三维特征点为基础。对于不同比例尺地形成图所需的数据点密度及特征点的合理提取，成了点云数据稀释合理程度的关键依据。测点间距取值太小会导致图形数据冗余，取值太大会损失地形图件细节精度。当用地形点云的数据源建立数字高程模型时，设定地形等高距用 H_d 表示，那么模型的格网间距 d 可表示为

$$d = K \times H_d \times \cot\alpha \tag{5.1}$$

式中：α 为地面倾角；K 为比例系数。

由此可以得出，模型格网间距与地形图比例尺、等高距以及地面坡度倾角等因素密切相关。当三维激光点云数据不用于地物提取时，三维激光扫描成图点云密度见表 5.1。

表 5.1　　　　　　　　　　　　三维激光扫描地面点云密度

比例尺	数字高程模型格网间距/m	点云密度/(点/m²)			
		平地	丘陵地	山地	高山地
1:200	0.4	2.50	5.00	7.50	10.00
1:500	1.0	1.00	2.00	3.00	4.00
1:1000	2.0	0.50	1.00	1.50	2.00
1:2000	2.5	0.25	0.50	0.75	1.00
1:5000	5.0	0.10	0.15	0.30	0.40
1:10000	5.0	0.10	0.15	0.30	0.40

如果采用不规则三角网构建地形高程模型，就是通过不规则分布的离散点生成的三角网格面来刻画地形表面。对于这种插值方法如果选择的插值计算方法不当，则容易产生较大的误差。

5.1.3　基于地形三维空间点云数据的地形图绘制

点云数据利用三维后处理软件按地形图比例尺大小，经抽稀、精简处理成合理的点坐标数据后，在测图软件中构网生成不规则三角网模型，对模型进行分析，生成高程等值线及其地形图件的其他要素信息。对断崖、河沟、陡崖等地貌需进行细化处理，添加图例符号、叠加地物后最终形成完整的地形图件；点云数据精简后的地形坐标导入的成图软件

可有多种选择，如 CitoMap、南方 CASS、MapGIS、ArcMap、AutoCAD 等。

值得一提的是，基于三维点云数据中的地物测绘是比较困难或者是精度较低的，主要原因是地形图中的地物信息主要包括了桥梁、房屋等信息，尤其是房屋信息常常密集而且分布形态复杂。三维激光扫描完全准确地获取密集房屋空间形态是存在很大困难的，主要原因是由于视场角限制而造成的采集死角，导致了采集的物体表面如房屋、桥梁等空间数据不完整。如果需要准确的地物信息，最好的办法是与传统测量配合使用，高陡的地形数据采用三维激光点云数据，房屋、桥梁等地物信息则采用传统测量方法。

5.1.4 地形图等高线及地物匹配

在三维点云数据处理软件中，生成的地形图要素中的点、线、面和注记类地物符号的管理并不是图层管理。因此，在生成标准的地形图过程中，就需对三维影像数据中提取的信息如图层、线型、线宽、颜色等信息进行再处理与编辑。须按照相应的规定或者约定俗成的要求将地形图要素的图层、颜色及实体类型重新进行区分标识。由于不同的行业、不同的单位对这些要求不完全一致，故这里不再展开论述。

5.2 基于点云数据的平、立、剖面图绘制

5.2.1 平、立、剖面图绘制技术

平、立、剖面图测量是工程勘察中必不可少的工作。目前勘察设计的层面仍然处于二维阶段，海量激光点云在表现形式上为三维的，从不同视图看可以显现不同的图形。为方便设计，需要将显示的三维点云以二维形式展示，便于勘察中剖面图地质信息的表达和绘制。

平面图是正射投影在平面投影面上只表示地物不表示地貌的图，如建筑物平面图等；立面图是在垂直投影面上表示其轮廓的图，如上体立面、建筑物外立面等；剖面图是在垂直投影平面上以二维量反映物体在距离走向上的高程变化的图，如河道纵横断面图、地质剖面图等。

以地面三维激光扫描获取海量点云数据为底图进行描绘。由于点云数据量比较大，必须对点云数据进行分割，缩减冗余数据。根据绘图需要，保留图件所需的关键信息点，将切块后点云数据导入制图软件；然后建立辅助坐标系，方便视图直观浏览和绘图习惯。再之按图要求勾画特征线或变化线，因所画图为三维状态下视图，需将三维视图转换成二维图，将其展现在水平面上，进行必要的投影转换后再进行美观整饰和标注。

5.2.2 建筑立面图绘制应用

以某地立面测绘项目为依托，探索总结了建筑立面测量绘制的作业流程和关键

技术，高效真实地取得了高精度建筑立面图。

1. 建筑立面测量技术特征

（1）测量内容复杂精细。精确反映建筑物外貌特征的数据点，尤其是细部结构如门窗花纹、浮雕、檐口构造、阳台栏杆和墙面复杂的装修等。

（2）测量与绘图精度要求高、技术难度大。建筑立面图比例尺为 1∶100，对于具有历史底蕴的建筑细部精度为 1∶50，由于激光扫描建筑物"点云厚度"与棱角边缘的"飞点"的存在，在由点云提取测量数据的建筑立面图绘制过程中，容易导致难以正确的捕捉到实际的点，提取的结构线不唯一而造成误差。

（3）城市测量干扰因素多。小高层楼体受楼体本身结构凸凹遮挡、外缘景观树木茂密隐蔽、相邻楼宇间空间狭窄、繁华商业街区人与车流量大，以上因素造成了通视条件差、人员和设备作业危险、关键点获取困难等问题。在外业作业时，选择避开上、下班人、车流量高峰期，尤其在商业繁华地段选择夜间作业，减少扫描数据的噪点数据，保证作业人员和设备安全。

2. 技术路线

基于三维激光扫描技术的建筑立面测绘作业流程，总体技术路线如图 5.1 所示。

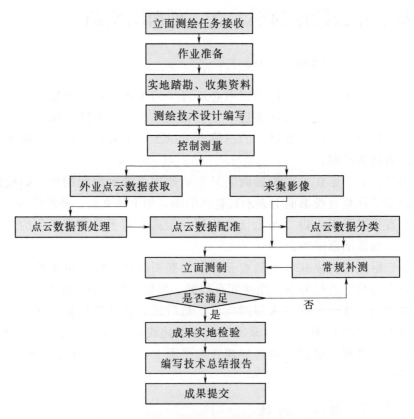

图 5.1　地面三维激光扫描立面图工作流程

3. 数据获取测量技术

数据获取测量技术首先进行观测控制网的布设，其次确定扫描测站获取点云数据。

（1）控制网的布设。为满足高精度的建筑立面测绘必须首先建立观测控制网，控制网的预设精度要高于建筑立面图绘制的精度要求。控制网布设原则如下：

1）控制网布设根据需要一般分两级布网：首级网通盘考虑街区布局现状，网型以三角形或大地四边形建立；次级网在首级网的基础上考虑建筑物的复杂度，便于扫描仪架设位置加密获取建筑物外观特征数据。

2）首级控制网中各相邻控制点之间通视要求良好，至少有两个通视方向。

3）在尽量保证网形结构强度的前提下，控制点应因地制宜地选择在地面稳定、便于保存和易于联测的地方。

（2）扫描测量。扫描测量是获取数据质量好坏的关键。扫描测站布设的基本方案如下：

1）单幢低层简单建筑楼体（沿街单面，楼长不超过20m）基本按2站设置，将楼体4等分，在1/4、3/4处各设1站；连排低层具有一定弧度的建筑物可根据建筑物水平投影在拐点处加测设站。

2）复杂凸凹高层建筑体可根据建筑物细节特征进行局部高、低站加密架设，以保证短时间、高密度、完整获取建筑物外观特征的点云为佳。

（3）数据采集扫描关键点。外业数据采集时，主要考虑扫描精度、数据质量和扫描效率，扫描关键点如下：

1）采样间隔。采样间隔的设置值取决于建筑立面绘图精度。采样间隔的大小，是反映建筑物细节轮廓真实度的主要指标，也是反映扫描速度快慢的关键。采样间隔小，扫描速度慢，点云数据稠密度高。

2）多视角精细扫描。从不同视场角进行2~3次重复扫描，达到点云加密的效果，或对某一特定细部按较小的采样间隔进行高密度扫描，获取高清晰度的点云数据。

3）近距离垂直扫描。尽量要求在扫描最佳半径50m以内（难度较大的，可适当放宽）架设扫描仪，并保证激光垂直入射被测楼体立面，避免倾斜或大倾角扫描，保证在扫描位置处得到最小的激光光斑，减小"点云厚度"和减少测量"飞点"。

4. 数据后处理的关键技术

基于三维激光扫描的建筑立面数据后处理的关键为点云配准和数据去噪。

根据配准特点，将共轭面转换法和曲面匹配法进行综合优化，各取所优，提出一种基于平面和曲面平滑配准的方法，使其在处理速度和精度方面达到最优化。将扫描站点重叠区域的海量点云数据按楼体直立面和地面划分成两类，分别按采样最小间距对两类形状进行构建不规则三角网（TIN）建立真实模型，去除模型中的异常点，进行模型组合匹配，多次迭代计算调整，可达到理想效果。

从激光采样点数据中去除噪点、植被等与建筑立面元素无关的数据，仅保留建筑物外观结构特征线目标点。

图5.2是基于三维激光立面测绘的基础上完成的建筑立面效果图。

（a）影像

（b）点云

（c）立面图

图 5.2　某大楼影像、点云及绘制的立面图

5. 建筑立面图绘制

立面图绘制作业步骤：导入点云数据→建立辅助坐标系→线化描绘→投影转换→修饰标注。

为保证立面图绘制的精度，在进行绘制时应注意如下关键点：

（1）立面图应按正投影绘制。建筑立面点云导入屏幕中，初始显示为物方位，投影到屏幕存在投影畸变，因此必须将绘制面建立辅助坐标系予以纠正，使绘制面俯视投影线与计算机屏幕平行，然后在投影方向下绘制可见的建筑外轮廓线、墙面线脚、构配件等特征线。

（2）平面形状曲折、圆形或多边形建筑物，按其弯曲实际长度拉直分段绘制，但均应在图名后加注"展开"二字。

5.3　三维数字地形模型的建立

5.3.1　建立三维数字地形模型的方法

三维数字地形模型具有直观、真实感强等特点，可以使在二维图或三维线框图中不易完成的工作变得非常简单、方便和直观，地形模型应用优势明显。比如建立三维数字地形模型的源数据包含等高线、高程点和离散点，这些数据生成数字地形，可在此基础上进行可视化分析。其中点密度稠稀、等高线间距直接决定所建地形模型精度的高低。

数字地形模型是地形表面形态与属性信息的数字表达，是带有空间位置特征和地形属性特征的数字描述。对于DTM的表示较为常用的是规则格网模型和不规则三角网模型。

1. 规则格网模型

规则格网通常是正方形，也可以是矩形、三角形等规则网。规则格网将区域空间按一定的分辨率切分为规则的格网单元，每个格网单元对应一个数值，数学上可以表示为一个矩阵，在计算机实现中则是一个二维数组。每个格网单元或数组的一个元素，对应一个高程值。格网单元内各点的高程值，可以通过拟合计算得到。规则格网模型的计算机算法比较容易实现，可以很方便地进行等高线、坡度、坡向、山坡阴影的计算以及流域地形的自动提取。

2. 不规则三角网模型

不规则三角网（Triangular Irregular Networks，TIN）模型是一种根据有限个点将区域按一定规则划分而成的相连三角形网格。区域中任意点的高程可由顶点高程或通过线性插值的方法得到，若该点落在三角形某条边上，则用该边的两个顶点高程进行线性插值。若该点落在三角形内，则用三个顶点的高程进行线性插值。所以，TIN是一个三维空间的分段线性模型。TIN模型通常采用三角剖分法建立，它能保证所建的 TIN 具有唯一性，且能最大限度地避免产生狭长三角形。通过在局部增加或减少控制点，该模型可方便地实现模型修改，而且能比较充分地表现控制点起伏变化的细节，且模型数据量和运算量较小。但 TIN 的数据存储方式比规则格网复杂，它不仅要存储每个点的高程，还要存储其平面坐标、节点连接的拓扑关系、三角形与邻接三角形的关系等。

规则格网模型与 TIN 模型之间可以互相转换。规则格网模型转成 TIN 模型可以看作是一种规则的采样点集生成 TIN 的特例。TIN 模型转成规则格网模型则可看作是普通不规则点生成数字高程地形的过程，方法是按要求的分辨率大小和方向生成规则格网，对每一个格网搜索最近的 TIN 数据点。

5.3.2　传统地形图三维模型化方法

AutoCAD（Auto Computer Aided Design）是目前工程勘察行业地形图件展示使用的通用软件，这一软件已经成为国际上广为流行的绘图工具。＊.dwg 文件格式成为二维绘图的基本标准格式。在地形图件处理过程中经常会遇到这样两种情况：一种是利用已有的二维 CAD 图件生成三维模型或数值计算模型，如何快速进行数据转换？另一种是某些 CAD 图件线形为拟合曲线，线型属性又未赋高程值，CAD 软件中无法将拟合曲线生成多义线，此类文件该如何进行剖面和三维模型生成？

经过大量的实际应用测试，对于以上两种情况都可通过 3D Studio Max 三维软件进行中间格式转换，从而达到图形处理的目的。3D Studio Max（简称为 3ds Max 或 MAX），是 Autodesk 公司开发的三维动画渲染和制作软件，功能强大，具有广泛的数据接口形式。以下将着重讨论如何使用 3ds MAX 软件进行 AutoCAD 数据格式的转换工作。

1. AutoCAD 等高线文件快速三维模型化方法

等高线是地面上高程相等的各相邻点所连成的闭合曲线。在利用已有的 AutoCAD 等高线进行三维模型化时，可按照以下步骤完成：

（1）要检查等高线首曲线属性是否赋了高程值，如果没有赋高程值需根据等高线标识补充每条首曲线高程信息，如图 5.3 所示。

（2）利用 AutoCAD 软件中的三维动态观察器功能检查等高线数据，删除文字及平面其他标识信息，只保留等高线数据（图 5.4）。

（3）在 AutoCAD 软件中检查高程信息无误后，设置视点，在俯视模式下保存文件。

（4）打开 3ds MAX 软件，配置系统单位。菜单栏 Units Setup 如图 5.5 所示，菜单栏上选择 System Unit Setup，将 System Unit Scale 值设置为 1Unit＝1.0Meters，选"OK"完成。

图 5.3 AutoCAD 中等高线首曲线赋高程值

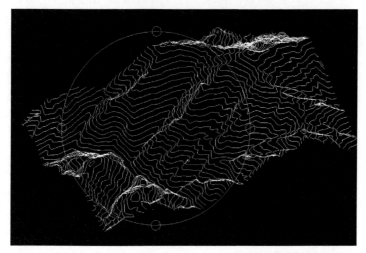

图 5.4 AutoCAD 中三维动态观察（检查等高线数据高程属性）

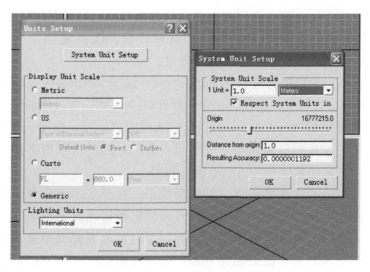

图 5.5 设置 3ds MAX 系统单位

Display Unit Scale 下点选 Metric，选 Meters，如图 5.6 所示。设置完成，选
"OK"完成。

选择菜单 Import，文件格式下拉菜单选择（＊.DWG，＊.DXF），选中上一步骤
保存的 AutoCAD 文件。弹出导入数据属性对话框，Geometry Options 和 Include 设
置（图 5.7），并根据 Model Size 显示项检查导入数据的完整性和单位设置的正确性，
然后选"OK"完成。

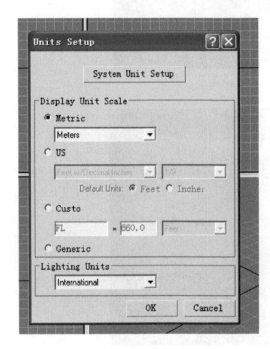

图 5.6　设置 3ds MAX 系统单位　　　　图 5.7　3ds MAX 导入数据属性设置

图形视场选在 Top 视图，图形外部框呈现黄色（图 5.8），利用快捷方式 Ctrl＋A
选中所有导入数据，菜单栏 Export，弹出对话框，选择输出文件格式为 IGES
（＊.IGS），选择输出路径并键入文件名后确定。

（5）打开三维点云数据处理软件 Polyworks，选择 IMInspect 模块。选择菜单栏
IGES Point Cloud，选择上一步保存文件，打开以".IGS"为后缀的文件，导入数据
便可看见数据已有原来 AutoCAD 中的点划线变成的点坐标，如图 5.9 所示。通过以
上步骤便提取了传统地形等高线中三维空间点数据。然后可根据需要导出数据，如
文本文件，便可在其他软件中生成三维模型数据。

（6）可以选用 Surfer 软件生成三维模型数据。打开 Surfer 软件，菜单栏中选数
据，弹出对话框选中保存的文本数据并打开。弹出网格化数据对话框，选择网格化
算法为加权反距离法，网格线索间距为 20m，为模型表面光滑平整，模型生成需通
过两次不同算法插值计算，故数据保存格式选 AscⅡXYZ（＊.dat），点"确认"按
钮，软件开始插值计算。完成后再将计算保存文件导入 Surfer 软件，插值算法选择

局部多项式法，保存格式为 Surfer（＊.grad），然后用 3D 网格功能打开并生成数据，如图 5.10 所示。

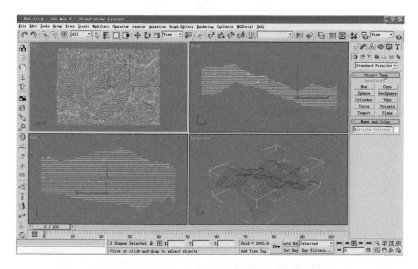

图 5.8　3ds MAX 软件中的多义线数据显示

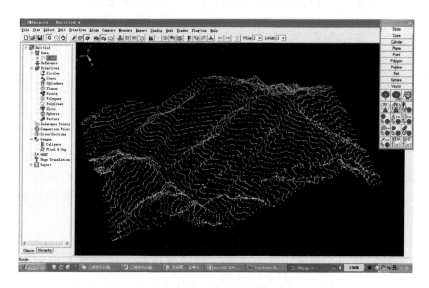

图 5.9　Polyworks 软件中数据点云显示

通过以上步骤，便完成了地形图文件的三维模型化。此方法方便快速，模型三维效果好。

2. AutoCAD 中拟合曲线转换为多义线

在 AutoCAD 软件操作中，经常会遇到这样的情况，为使等高线线型美观、平滑、顺畅，很多时候等高线线型选择为样条曲线，初始为样条曲线时即不能进行高程赋值操作，很多时候也不能转换成为多义线。此时可利用前面所用方法，将该 AutoCAD 文件导入 3ds MAX 软件中，然后再输出保存为 AutoCAD（＊.dwg）文

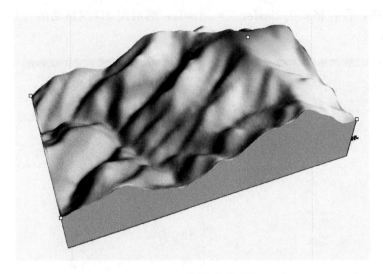

图 5.10　Surfer 软件中的数据显示

件，这样样条曲线就自动转换成为多义线，便可以进行其他操作了。

上述只是列举了一个转换应用的例子，使用其他软件如犀牛软件，同样可以将 AutoCAD 线划图转出三维数据格式的。

5.3.3　基于高密度点云的地形模型化方法

岩土体边坡稳定性分析、评价工作是地质工程中的一项重要工作内容。有限元、离散元等相关的数值计算是常用的技术手段。数值计算中计算模型的建立是进行计算的前期重要工作，模型的表部地形数据往往是依据地形图件中高程等值线进行提取的。这一过程烦琐、耗时，需要做大量预处理和准备工作。另外，对于一些突发性的地质灾害而言，高精度的地形图件是不具备的，甚至是没有地形数据的情况也经常遇到，此种情况下快速开展相关的三维数值模拟计算是十分困难的。

由于三维激光扫描技术可以轻松获取物体表面的三维数据，通过对点云数据进行坐标系校准后，其点云数据中每个点的三维坐标值都与现场真实空间位置相对应。但所获得的点云数据量巨大，在数值模型计算时还需进一步处理才能使用。基于三维激光扫描技术获取数值模型计算使用的地形数据，首要应使点云数据的空间分布遵循一定的规律，并控制点云数据边界。

点云地形数据处理过程可以归纳如下：

（1）三维点云数据的预处理。对地形的三维空间点云数据进行预处理，主要包括点云数据拼接、坐标转换、植被噪点剔除等，如图 5.11 所示。

（2）对三维点云数据进行抽稀。对点云数据中的海量点坐标进行数据抽稀，以减小数据量（图 5.12）。抽稀的标准按地形图成图点间距要求或者计算模型的单元尺寸要求，将删减处理完成的点云数据以 Asc Ⅱ Point Cloud 或其他文本格式输出。

（3）利用如 Surfer 等数据插值软件将抽稀获得的地形文本数据导入，在数据网格化设定参数对话框中，设置网格文件输出格式为 *.dat，选择网格点计算的模型算法。接下来设定模型插值计算的边界范围、插值网格点间距（一般为整数，与数值计算的单元尺寸相对应），设定完成后，软件进行网格插值计算并输出保存计算结果，重新构网生成的插值点效果如图 5.13 所示。拟合插值计算得到的地形数据便可作为三维数值分析计算软件的表层地形数据文件，其模型化之后的效果如图 5.14 所示。

图 5.11 三维点云数据

图 5.12 点云数据的稀释

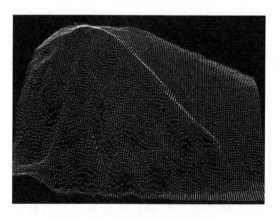

图 5.13 处理后的地形数据

图 5.14 模型化的地形数据

5.4 基于点云数据的表面积及体积计算

目前，工程勘察中通常会评估勘查对象的规模，用表面积、体积等参数表示。用于计算的数据一般包括传统手段采集的离散点、地形图、摄影测量与遥感影像数据、DEM 数据等，计算中先要建立数学模型，通过一定的数学运算获取计算结果。由此可以看出，计算结果的好坏主要取决于数据源和数学模型，数据源的精度取决于地形图比例尺、等高距、断面精度与间距以及离散点的密度等，数学模型的优劣直接影响计算结果的精度。因此，这里有必要对传统测绘手段与三维激光扫描手段获取的数据所建立的数字模型进行比较。

　　基于传统测绘手段获取的不同形式的源数据，计算表面积、体积的常用方法有方格网法和断面法。方格网法多用于一般性方量计算，断面法常在如道路等带状工程方量计算中使用。方格网法工程量计算精确，但直观性不足，离散点数据密度不够，需采用内插的办法在表面上达到要求，但实际精度并未提高。断面法计算方法的优势在于操作简单、直观，缺点是断面位置取舍不同，会造成计算量值差别较大，无法准确反映实际发生的工程量。其他计算表面积、体积的方法还有等高线法、DTM 法等，但都因源数据精度不高而使结果偏差较大。

　　地面三维激光扫描获取的海量点云数据中囊括了地表全部的几何信息，同时高精度、高密度点云对生成的数字模型更接近地物实体实际，更能有效保证其在表面积、体积计算上的高精度。通常用于量值计算的数字模型包括数字地形模型（DTM）、数字高程模型（DEM）和不规则三角网（TIN）模型。

5.4.1　DTM、DEM 和 TIN 模型的相互关系

　　数字地形模型（DTM）前面已经详细叙述了其建立原理和方法，这里就不再赘述。

　　数字高程模型（DEM）是采用获取的离散点高程数据在地理信息系统中表示的三维地形表面特征，是一种数字的地形表达模型。建立 DEM 所使用的高密度点云数据中除包含点的高程和平面位置数据外，还包括地形特征线（山脊线、山谷线、断裂线）和特殊控制点（山脊顶点、断裂点等）数据。

　　不规则三角网（TIN）模型主要是通过有限的点和线空间数值（X，Y，Z）插值的方式模拟地表现状；而从理论上说，地表上点的维数为零，没有大小，因此地表包含有无穷多的点。

　　从数学的角度，DTM 模型是高程 Z 关于平面坐标 X、Y 两个自变量的连续函数，而数字高程模型（DEM）只是它的一个有限的离散表示。因此，数字地形模型是地形表面形态属性信息的数字表达，是带有空间位置特征和地形属性特征的数字描述。

　　按照数据结构划分，数字地形模型（DTM）可分为栅格形式的规则格网模型（GRID）和矢量形式的不规则三角网（TIN）模型。三者关系如下：在数字地形模型（DTM）、栅格形式网格模型（GRID 或 DEM）、矢量形式的不规则三角网（TIN）模型三个之间，因为 TIN 模型和 DEM 之间可以相互转换，所以数字地形模型的数据来源十分丰富；而 DEM 的数据来源和数据获取方式决定了数字地形模型的质量和精度。

5.4.2　基于点云数据表面积及体积的量算方法

　　1. 不规则三角网（TIN）法

　　激光点云数据为离散的不规则点，其数据组织形式更易构建 TIN 模型。在

ArcGIS 中高精度的数字模型构 TIN 方法有 Inverse Distance Weighted、Spline、Kriging 和 Natural Neighbor Interplation 四种，使用较广、反映精度较高的为 Kriging 空间插值的方法；为保证插值后模型表面的连贯性，以更好拟合地表状况，在 Kriging 插值过程中要求控制点值应趋于符合正态分布，对于不符合正态分布的数值，应通过剔除和合理的数据转换方式等手段处理数据，以保证 TIN 模型的真实度。TIN 的本质是 Delaunay 三角网，Delaunay 三角网的生成通常遵循规则：Delaunay 三角形之间互不相交，Delaunay 三角形的外接圆内不含其他离散点。计算先把生成的 TIN 转化成 DEM 栅格数据形式，可避免图层切割时造成数据丢失和冗余重复计算的麻烦，确保计算精度和结果的可信度。

从 DEM 栅格数据的本质看，DEM 栅格单元越小，越接近地形连续面。栅格单元过小会造成栅格数量的增加，必然会给计算机带来运算负担，从而影响计算效率，因此需合理选取栅格单元的大小。实际上 DEM 体积计算就是通过累加 DEM 中每个栅格面所对应的矩形柱体的体积而求得总体积。

2. 直接量测法

在处理软件 Polyworks 中，提供了多种量测工具，包括量测距离（水平、垂向、两点间、任意方向、点到线）、角度（水平、垂向、任意）、半径及方位角等，利用众多的量测工具能够满足一般工程测量需要。

在点云数据中利用量测功能，可直接获取扫描物体任意点云数据间的几何尺寸。通过获取的几何尺寸可进行粗略的体积计算。如图 5.15 所示，对于这样一块巨石，为测定其体积，可粗略假定巨石为长方体，通过三维点云数据的量测功能可知道其概化的长方体长、宽、高分别为 7.48m、2.06m、7.37m，由此便可通过长方体体积公式计算获取巨石的大致方量。

(a) 巨石图像　　　　　　　　　　　　　(b) 巨石点云

图 5.15　扫描物体几何尺寸量测

3. 数字地形模型（DTM）法

在 DTM 法体积方量量测中，简单介绍三种处理方法。三种处理方法分别在软件

Ployworks、Surfer、Terramodel 中实现，另外用南方 cass 等测量软件同样可以实现
DTM 法的体积测量工作。

（1）基于 Ployworks 的体积量测。在三维点云数据通用处理软件 Polyworks 中进行体积测量，首先需确定测量范围，对点云数据进行去噪处理，去除植被、粉尘等干扰点，并对点云进行抽稀（由 Subsample 功能实现）处理。抽稀点间距应在尽可能表达地貌形态与运算速度间取得平衡，一般而言对于大范围地质体体积测量，建议点间距设置在 0.5～2m 之间比较适宜。对抽稀后的点云数据进行三角面片化（TIN网），然后在系统中生成一平面，注意三角面片化的模型必须在生成平面的一侧，利用软件提供的 suface‐to‐plane volume 功能，便可获取模型表面到平面间几何体积。

如图 5.16 所示，原数据点间距 50m，测量体积为 35761475167m³。为便于比较，后面几种方法都将采用同一原始数据。

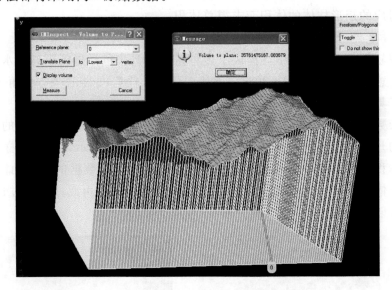

图 5.16　Polyworks 软件中的体积测量

（2）Surfer 中的体积量测。目前 Surfer 软件提供的数据网格化功能已经广泛运用于各领域的规则数据生成中，工程领域中已利用 Surfer 的体积计算功能进行各种工程量计算，如土石方量计算、库容计算、土地整理中工程量计算和固体矿采剥工程量计算，加上 Surfer 具有空间分析和强大的平面与三维图绘制等可视化功能，因此受到广泛关注。

数据网格化精度是影响 Surfer 的等值线图、二维图和三维图以及空间分析精度的最主要因素，Surfer 提供所有常用的 12 种数据网格化方法，其中高精度数据网格化方法主要有反距离加权插值、Kriging、线性插值三角网法、移动平均值插值、局部多项式插值、改进谢别德法、径向基函数插值法。当源数据间隔较小时，插值方法对插值精度影响较小；当源数据间隔较大时，Kriging 与局部多项式插值精度较优。Surfer 同时

采用梯形规则、辛普森规则、辛普森 3/8 规则对生成的网格数据分别进行体积计算。

Surfer 软件计算采用加权反距离法，插值点间距 X、Y 均为 50m，建立的数字地形模型如图 5.17 所示。

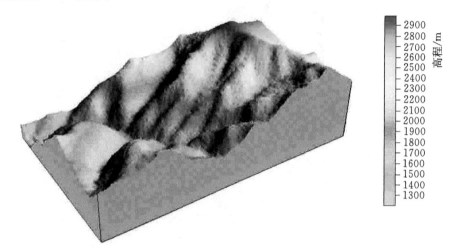

图 5.17　Surfer 软件中的模型显示

体积计算结果为：梯形规则 35759099385.897m³；辛普森规则 35759373101m³；辛普森 3/8 规则 35759115960m³。

（3）Terramodel 中的体积量测。Trimble Terramodel 软件是一种功能强大的软件包，软件允许用户进行所有必要的坐标几何计算，轻松、快捷地进行道路设计，生成等高线，计算体积。借助这种一体化的 3D 可视化程序，用户可以将项目当成一种交互式的 3D 模型进行观察，使得设计与质量控制过程变得非常高效率。借助功能强大的 CAD 功能，用户使用一个软件包就能执行所有的测量、工程和 CAD 任务。借助于大量模块所提供的方便条件，可以对 Terramodel 软件进行配置，提供所必需的各种功能。Terramodel 软件不仅可以计算地形曲面到某高程平面间的体积，同时也可以计算地形曲面到开挖曲面间的体积。

如图 5.18 所示的 Terramodel 中的点数据三维模型，其计算体积为 35761491756.60m³。

三种软件体积计算结果不尽相同，现对计算结果进行简单分析。

由于 Sufer 中可采用不同计算模型进行点插值计算，计算采用加权反距离法，根据体积计算内置算法共有三种体积计算模型，另外结合 Polyworks、Terramodel 计算结果，针对同一原始点数据共有 5 个体积方量计算结果，其结果间的最大差值仅占体积总量（以最小体积为参照）的 0.007%，大大低于国家施工组织设计规范制定的体积测量的相对误差标准，证实几种软件体积计算精度的可靠性。

4. 断面法

断面法适用于小范围或者地形起伏小的体积方量测量。首先在计算范围内布置断面线，断面一般垂直于等高线，或垂直于大多数主要构筑物的长轴线。断面的多

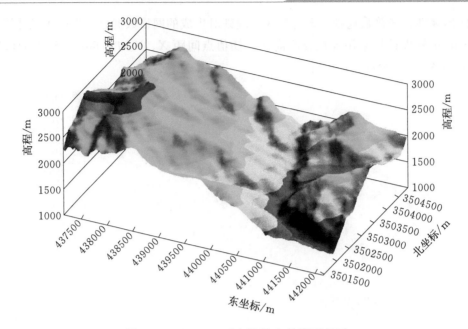

图 5.18　Terramodel 软件中的模型显示

少应根据设计地面和自然地面复杂程序及设计精度要求确定。在地形变化不大的地段可少取断面，在地形变化复杂、设计计算精度要求较高的地段要多取断面。两断面的间距一般小于 100m，通常采用 20～50m，然后分别计算每个断面的填、挖方面积。计算两相邻断面之间的填、挖方量，并将计算结果进行统计。

5.5　地形图测制应用实例

三维激光扫描技术是一种全新的测量地形的方法，应用优势明显，效率非常高，性能可靠，投入产出比高，已成为一种成熟的测绘技术。通过三维激光扫描仪、点云后处理软件和地形成图软件，经一系列数据编辑处理可得到大比例尺地形图。

1. 主要处理环节

（1）外业扫描。根据现场地物形状和环境以及仪器设备测程合理布设扫描测站，设置合理的采样间隔进行数据采集。

（2）点云数据预处理和数据后处理。应用随机软件将多站点的点云数据进行拼接和坐标转换，实现坐标系的统一以及所需的点云数据。

（3）构建 TIN。通过软件功能，对剔除地面植被后提取的裸地地形数据生成 TIN，并对其进行优化和平滑。

（4）构建等高线。基于 TIN，按等高距，自动生成等高线。

2. 工程实例

下面用地面三维激光扫描仪在水电大比例尺地形测量中的具体应用实例说明三

维激光扫描技术地形图测绘应用效果。

（1）实例地形概况。青海某水电工程岸坡山顶平台地形相对平缓，平台前缘岸坡山体地势陡峭，冲沟众多，地形复杂；河谷至岸顶相对高差达 600m 左右。岸坡处于某水电工程水库内，距离对岸边坡近 2km。岸坡由于平台错落变形、岸坡山体表部松动、山体上部加固施工，斜坡石头滑落及崩塌现象时有发生，另外由于斜坡高陡大部分地区人员难以到达，采用传统测量方法存在很大的安全隐患。

（2）三维数据的获取与处理。利用三维激光扫描技术获取岸坡点云数据，如图 5.19 所示。坡面采样点间距小于 10cm。利用坡面的变形监测点进行坐标系校准。获取的点云数据进行去噪处理，并对构筑物及少量植被等进行人工手动剔除，处理后的三维点云数据仅保留地表高程点。在保证地形精度及地形特征的前提下，提取重要的地貌特征数据后，对地表高程数据采用最小距离 5m 点间距进行抽稀处理，从而得到地形图测量点及特征点坐标。由扫描点云数据生成岸坡数字高程模型（DEM），其模型效果见图 5.20。通过数据处理生成 1∶1000 地形等高线图。

图 5.19　岸坡三维激光扫描点云地形数据

图 5.20　岸坡三维数字地形模型

　　利用高密度的三维点云数据，对坡表房屋建筑物、水电工程构筑物的外轮廓线进行提取，并对水渠、道路边界进行提取，将这些地物边界叠加在等高线上，展绘高程保留点，即可得到地形图如图 5.21 所示。

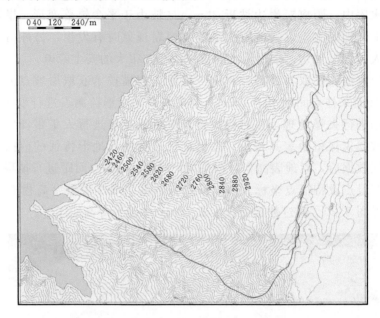

图 5.21　岸坡地形图

　　（3）基于激光扫描点云数据地形图成图精度检验。地形图精度检验主要检查其平面和高程点精度。为了完成检验工作，采用 GPT - 3002LN 全站仪［测距精度 ± （3＋2D） mm］，现场测量仅有地物点和特征点的平面位置，以及散点检查等高线与放样检核高程注记点高程值，检查点主要位于岸坡顶部人员可以到达区域，其高程精度检查统计见表 5.2。

表 5.2　　　　　　　　　　　　高程精度检查统计表

地形类型	测图比例尺	基本等高距/m	检查点数	高程中误差/m	允许限差/m
高山地	1：1000	1	43	±0.26	±0.33
平地		1	18	±0.11	±0.25

　　从表 5.2 的数据统计结果可以看出，基于三维激光扫描数据生成的该 1：1000 地形图测量精度满足测量规范要求。

第6章 地质信息几何特征识别、提取技术及应用[*]

由于地质体性状的客观复杂性，人们对地质体进行调查、研究所获取的数据一直难以做到完全准确。三维激光扫描技术能够深入到复杂的环境中去，获取扫描目标的表面三维点云数据，凭借其技术优势可以高效率地获取大密度的点云数据，对于这些点云数据进行适当的处理、分析、解译，以便获取所包含的重要信息数据。对于岩土、地质工程而言，这些点云数据所表征的就是工程快速开挖形成的高边坡，就是调查人员难以企及的自然高陡边坡，就是滑坡的三维空间展布形态。这些点云数据中包含着大量信息，有结构面的空间分布特征信息、有地形变化信息、有地质体的几何尺寸信息等。地质体表面所蕴含的这些地质信息，反映到三维激光扫描点云数据中，被抽象为数以百万计的三维点坐标，由这些点在计算机中再次重新构造了一个虚拟的客观外部世界。对于计算机中所构造的地质体，有着与其原型相一致或相近的一切外部几何特征，但又有别于原型体，需要对点云数据所构造成的地质体进行分析、解译，得出与其对应的客观原型的真实数据信息。这些信息数据都是地质调查工作所要关心和进行深入研究的，是地质调查工作所要求获取的重要资料。

6.1 地质特征点的识别与提取

地质体扫描数据本身是由众多的点所组成，如何准确识别扫描体中所对应的点也是需要进行探讨的。这些特征点蕴含着三维坐标的具体位置，如钻孔孔位点、地面高程点、危岩体边界点和中心点、地面构筑物的转折点和控制点、地质调查点、水文观测点、结构面测量点、现场试验点、地质露头出露点、渗水点、沉降观测点、变形观测点等。

由于获取的点云是采集扫描物体表面一系列的点阵，并不是针对某一点进行的精确测量，因此就存在反映实物扫描点的偏差。比如建筑物的转折点，其在点云数

---

* 本章由赵志祥、董秀军、王小兵、何朝阳、冯秋丰主笔，李常虎、王有林校核。

据的识别上必然会存在误差。针对上面提及的情况可以分为两种情况考虑：一是直接在点云数据中选取（图 6.1）；二是选取点云数据中对应点小范围内的点云，由此计算得出这些点的均值化的一个点（图 6.2），以此来表征所对应的扫描物体的点，从点的信息中可以获取三维坐标值。

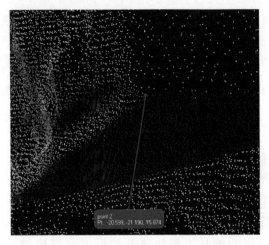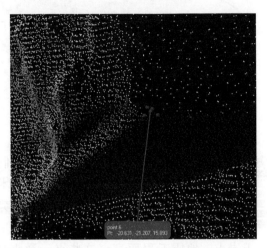

图 6.1　点云图像中的单点点位　　　　图 6.2　多点拟合生成的点位

6.2　地质边界的识别与提取

地质体按照某种物理属性划定的具有一定意义的范围界限即为边界，如危岩体边界、滑坡边界及内部分区边界、泥石流堆积边界、变形边界、地层边界、软弱夹层边界、地质构造边界、开挖边界、灾害威胁范围边界、地物边界、淹没区边界等。对于特征明显的扫描物体，在点云数据中对其边界进行识别相对比较简单。但某些情况下，扫描物体的边界识别就存在一定的困难，如对滑坡的空间展布形态进行三维激光扫描时，由于一般情况下滑坡表面植被较多并且滑坡体边缘在地形特征上表现不明显，此时在三维点云数据中准确确定滑坡边缘就需要仔细的研究。一般的判定过程可按以下方法进行：对明确的边界特征先进行确定，存在疑虑的部分可以综合微观地貌、地物特征进行识别，同时参考数码照片，必要时还可现场再次调查验证；还有就是利用彩色点云数据中的色彩信息结合地貌特征进行边界的识别，这种方法对于大多数的情况都可应用，但前提条件是采集的为彩色点云数据。彩色点云数据与灰度点云数据的边界识别对比见图 6.3 和图 6.4。

对于点云数据中线的识别可以参考点的识别而进行，两个端点得到准确识别后，两点连线就可获得所需的线。面的识别将在后面章节中进行探讨。而对于体的识别，由于体是由点、线、面所组成，再复杂的体都可以参考以上内容。另外，一般常见的体主要是正四棱柱和圆柱的几何体拟合问题，考虑到在工程应用中较少涉及，这里就不做详细介绍。

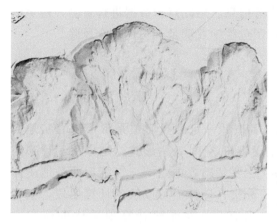

图 6.3 滑坡点云数据灰度显示

图 6.4 滑坡点云数据彩色显示

6.3 地质体几何尺寸量测

在三维点云数据处理软件中，提供了多种量测工具，可量测距离（水平、垂向、两点间、任意方向、点到线）、角度（水平、垂向、任意）、半径及方位角等。利用众多的量测工具能够满足一般工程的大多数需要。

几何尺寸的量测完全基于三维点数据坐标经计算完成。尺寸测量精度取决于选取点的准确性和扫描点云数据的精度。另外，对于一些复杂几何体的尺寸量测，也可采用切剖面的办法，获取剖面线后在 AutoCAD 中进行进一步量测。

地质体调查时，充分利用三维点云数据的量测功能进行几何尺寸的获取（图6.5），既可以快速准确掌握地质体的空间位置及尺寸，也有助于查明地质体的危害程

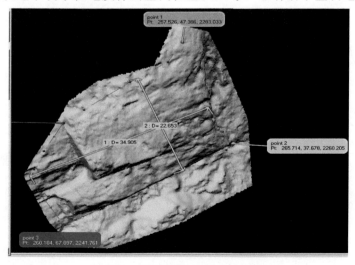

图 6.5 点云数据几何尺寸量测

度、体积方量、防治措施的布置形式及规模等信息。用此点云数据进行量测，避免抵近接触测量，提高了测量精度的同时也降低了危险地段测量人员的安全风险。

6.4 地质体精细断面获取

地质体断面是沿着指定切面方向切取或者按照一定的投影关系形成的真实地面及地下地质界面的二维界线表达，是地质体重要的空间表达形式，是分析和计算的主要基础数据之一。二维剖面是地质体分析、计算不可或缺的计算手段，也可用于平行断面法计算地质体的体积方量。三维激光扫描数据获取的是地质体表面的坐标点云，由此切取的断面也主要是地表特征，但根据地质体地表露头的断面和三维空间信息，可以进行一定的推测和内部延伸，断面的内部地质信息主要借助地质钻孔、坑槽探、物探的地下勘察资料补充完善。

图 6.6　地质体表部精细点云数据

获取地质体表面剖、立面图，传统常用的方法有两种：一种是用皮尺＋罗盘现场测量，但精度、效率较低，对于高陡边坡根本无法作业，或者用无反射棱镜全站仪测量，但费时、费力，而且测距范围较小；另一种是利用地形等高线切取，但前提条件是要有合适的地形数据，而且等高线切取二维剖面，精度受到图件比例尺的影响，局部地形特别是陡崖地形难以反映。

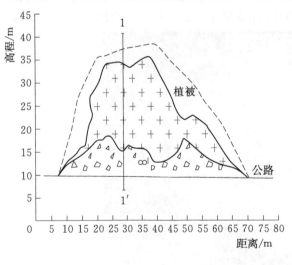

（a）立面图　　　　　　　　　　（b）1—1′剖面图

图 6.7　地质体精细立、剖面图

利用激光扫描获取的三维点云数据绘制地质体剖面图和立面图（图 6.6、图 6.7），不但方便快捷而且精度高，可以如实准确反映地质体的剖面形态和山体立面分布位置，同时可获取精细的微地貌特征，如结构面二维发育分布特征。这些表层的结构面信息可以适当延伸扩展，这样的剖面在普通地形图上是切不出来的，所获取的剖面特征可直接导入 AutoCAD 软件中，从而形成地质专业所需的剖面线。

6.5 地质岩体结构面的识别与提取

6.5.1 岩体结构面的识别

三维点云数据"刻画"的客观世界物体空间特征，是带有灰度信息（或彩色信息）的海量点坐标。在点云数据中岩体结构面被抽象为数以百万计的三维坐标点，其空间几何特征信息赋存其中。这些点云信息包含着岩体结构几乎所有的外部几何特征，但又有别于原型，需要对点云数据所重建的虚拟岩体结构面进行识别与提取。众所周知，岩体结构本身就是复杂的空间物体，比如地质体中软弱夹层，本身并不是一个面，准确地讲应该是一个具有一定厚度的"带"，而且这个带也并不是一个规整的平面，是存在一定起伏和变化的。在地质工程上，识别软弱夹层的工程意义重大，特别是缓倾角的软弱夹层的空间展布问题，对研究斜坡或工程边坡更加有意义，其层面的倾向、倾角的微小变化，都有可能对其稳定性的判定产生巨大的影响，对其工程加固的治理费用也有惊人的改变。那么如何准确地在复杂地质体中识别这个"面"，并准确获取这个面的宏观产状就成为一个重要而且基础的问题。在地质工程中这类问题并不少见，除了软弱夹层问题，断层、岩体结构面、特定地质边界等都涉及以上问题。由此，不难看出基于三维点云数据如何准确识别和提取这些地质体的空间几何特征具有重要的意义。

岩体结构面的外在表现形式错综复杂，往往还受到风化、开挖等因素的后期改造，这给岩体结构面的识别、提取造成很大的困难。另外，利用三维激光扫描技术所获取的仅仅是地表出露的部分。基于以上原因，对于复杂地质结构面的点云数据识别与提取过程，往往不能拘泥于某种固定形式，应结合实际岩体发育分布情况，基于宏观地质特征的掌握与判断，采用现场调查、照片比对进行识别提取，必要时还要进行现场对比和检校工作。根据三维激光扫描技术特点，在点云数据中的岩体结构面识别也可以通过几何形态和色彩信息进行识别。

1. 基于三维点云数据中的结构面几何形态判识

三维空间点云数据或者模型网格数据，都能够反映结构面的几何形态，但是反映的真实情况与点云数据质量、采样点密度、精度都有很大的关系。除了与三维点云数据本身有关外，还与结构面出露形态有很大的关系。根据岩体结构面的出露几何特征，在点云数据识别中有以下四种判别方法。

（1）结构面的直接判识。能够进行直接判识的这类结构面，其三维点云数据特征明显、结构面平直、产状稳定，几何特征上常常表现为一个规整的平面，易于在三维空间图像上进行准确识别。如图 6.8 所示的点云数据中所展示的结构面，包含了两组陡倾和一组中等倾角的结构面。这类结构面往往成组平行出现，各组产状数值上相差不大，结构面间距也相对稳定。因此，这一类结构面仅仅依靠三维空间点云影像数据便可做出准确的判断。

图 6.8 三维点云数据中直接判识结构面

（2）结构面的类比判识。这类结构面点云数据几何特征不明显，出露迹线规模一般较小，结构面闭合，产状有一定变化，地表出露的"面"较小或没有。仔细观察这类结构面，可以根据成组出现的特征进行对比分析，根据特征明显的结构面对其进行类比判识。图 6.9 显示的三维点云数据，给人第一感觉是杂乱无章，无明显的岩体结构面分布，但是根据成组出现的特性可以发现近水平缓倾角发育一组结构面，其连续性差，结构面短小且在坡表无明显的"面"。因此这类结构面很难一眼就发现，但是经过仔细观察、对比分析，其分组发育规律性较强，还是较为容易识别的。

（3）结构面的推理判识。这类结构面往往不是很发育，成组出现的特性也不是很明显，同组结构面的产状差异也比较大，规模相对较小，在识别过程中需要运用相关地质分析的方法，通过间接的判识标志来推测、判断结构面。在实际操作中，为提高推理判识的准确性，往往需采用多种证据或标志进行综合分析和相互验证，尽可能避免仅凭一种间接标志来推断。

（4）结构面的现场验证判识。对于结构面出露条件复杂的环境，应结合现场调查，判断建立结构面的判别标志，现场对结构面进行分组，分析归纳结构面的三维出露特征。现场验证是最为可靠的判识方法。

2. 基于三维点云数据中的结构面色彩信息判识

通过点云数据彩色信息、灰度信息识别岩体结构面。激光点云数据不仅包含扫

图 6.9　类比判识结构面类型

描物体表面的点坐标信息，同时包含有灰度或者彩色信息。点云灰度信息是由扫描物体反射激光强度所决定的，而点云彩色信息是由数码相机获取的。这些色彩信息可以帮助我们对岩体结构面进行更为准确的识别。图 6.10 中的点云数据具有彩色信息，在彩色的三维空间图像中，具有与真实场景相近的色彩，有着较为真实的光线阴影关系，仿佛置身于实物现场，这些色彩信息很大程度上可以帮助我们提高识别的精度与速度。

图 6.10　彩色点云数据中的结构面识别

6.5.2　岩体结构面空间形态的提取

结构面的提取方法总结起来可以包括三种，即人工手动操作的结构面识别，人工干预的半自动结构面识别，以及计算机自动搜索识别。

1. 人工手动操作的结构面识别

（1）"三点"拟合结构面。地质结构面三维点云数据中有着较为明确的影像特征，由此确定该结构面上的三个不在同一直线上的坐标点，由三点坐标就能建立一个平面方程，通过人工对岩体结构面认知的前提下，采用几何平面表征地质结构面的空间形态。岩体结构面是一类地质行迹，在岩质边坡表部呈现为出露的迹线或者是暴露的光面，在点云影像中这些行迹较为容易识别，通过人工利用空间特征选择这些行迹当中"不在一条直线"上的三个点便可完成结构面的识别。在复杂的岩体结构中，往往由于结构面的粗糙起伏和地形后期的改造影响，三个点在结构面不同位置的选择会形成有一定参数差异的平面方程。因此，点云数据中选取三个点坐标时，应注意点的位置要具有空间代表性，选择结构面出露明显且产状稳定的位置。另外，利用生成平面的空间图像特征，检验与结构面的拟合程度，观察是否具有宏观上的空间代表性。图 6.11 中展现了一个典型的结构面出露形态，其结构面倾角较小，在坡表仅出露一迹线，很难找到一个完整的光面。由此，对于此类结构面的识别，应抓住其地形特征，尽量利用空间的转折部位，选择明确的迹线边界进行结构面的"三点"识别。

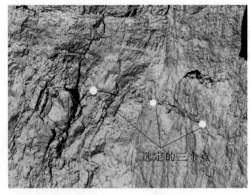

图 6.11　"三点法"拟合提取岩体结构面

（2）多点拟合结构面法。地质结构面往往由于卸荷松弛及地表后期改造等原因，在坡表处经常有光面出露。在有完整光面出露的情况下，三维点云数据形态清楚明显，利用点云数据中结构面出露面上的所有点（或者大部分点）来拟合一平面。多点拟合识别结构面，不仅表达了宏观结构面的总体分布趋势，而且克服了地质罗盘单点测产状而存在的误差。这种方法特别适合调查一些控制性的、有一定起伏的结构面，综合给定其空间分布特征。如图 6.12 所示，三维点云数据中选择特征明显的出露光面，尽可能多地选择点云数据，这些数据具有代表性，起伏度小，分布范围最广，由选取的点云数据生成一拟合平面。多点拟合生成结构面能够得出综合的结构面产状，比单点位置的传统罗盘测量更具有代表性。

图 6.12 "多点法"拟合提取岩体结构面

2. 人工干预的半自动结构面识别

人工干预的半自动结构面识别，指的是在结构面识别过程中人为指定一定的搜索范围和参数，然后由计算机程序进行自动查找，从而生成拟合平面的方法。以徕卡扫描仪为例，在三维处理软件 Cyclone 中就提供了平面搜索生成工具；在后处理软件中对结构面出露明显处的点云数据选取一个或多个点，使用 Region Grow/Patch 功能，程序会对所选点的一定范围进行搜索而获取生成平面（图 6.13、图 6.14），搜索过程中根据结果可以不断调整搜索半径等参数，直到获取理想的数据结果。所选点的准确性及代表性将直接影响拟合结构面的准确性。

这种方法提取的结构面准确性较高，在人工识别结构面的前提下，有针对性地选择岩体结构面点云数据中代表性的点，然后人为指定搜索半径，计算机自动查找在指定点空间内最优的拟合平面方程，从而确定结构面拟合生成的平面。

3. 计算机自动搜索结构面识别

结构面的识别，客观地讲，包含一定的人为因素，也就是说对于同一个岩体边

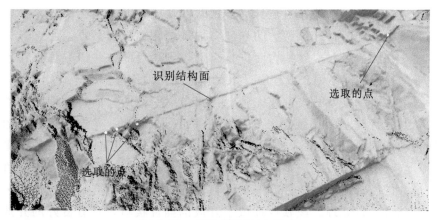

图 6.13 选取结构面上的点

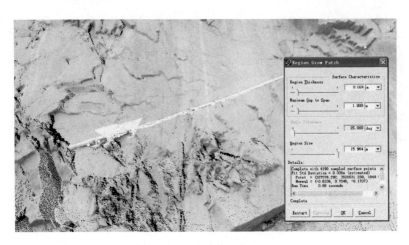

图 6.14　搜索结构面

坡而言，不同的地质调查人员对于岩体结构的认识并不会完全相同，这与专业知识、主观感受等因素有关，但这样的结果对于科学研究而言并不是期望看到的。那么岩体结构可以利用三维激光扫描技术对其几何特征进行表达和存储，而且岩体结构面是具有一定几何规律的，那么通过数学的方法采用计算机自动完成结构面的识别和提取，一直以来都是学者们研究的热点和难点问题。在这一方面很多人都做了大量的努力。这些研究当中包括了基于摄影测量原理计算岩体结构面产状、三维激光扫描点云数据自动分析求取结构面产状等内容。基于摄影测量技术开展此方面的研究案例颇多，但这种依靠立体图像进行原理解算结构面产状的方法，虽然可以算出产状，但是无法实现结构面的立体可视化，并不能进行立体的三维展示，仅通过数据的公式计算出产状。另外这种产状的求得也不是计算机自主完成而需要人工干预。而采用三维激光扫描技术开展对岩体结构的研究，也是地质工作者所关注的。由于三维激光扫描设备获取的点云数据，不需要进行任何其他处理便可真实反映岩体结构面的空间形态，而且是完全三维数字化的。目前在这方面的研究中，要么是对点云数据本身进行分析，这种方法不具有可视化的功能，因此也无法检验识别的准确程度；要么就是独立编制三维展示的程序，加载结构面点云数据，对点云进行三角网模型重建，在此基础上搜索结构面进行自动识别。目前这些研究都存在不同程度的缺陷：或后检验功能不强，或程序过于繁琐而通用性不强。

　　基于对前人研究成果的改进和完善，在此介绍一种结构面自动搜索软件程序的设计思路，其运行时基于三维点云处理软件 Polyworks，不需要额外过多的干预处理，实现自动搜索并提交岩体结构面并具有后检校功能。插件开发的软件平台选用 InnovMetric 软件公司的通用三维点云处理软件 Polyworks，InnovMetric 软件公司拥有世界上最大的高密度点云软件客户群，目前市场上几乎所有的扫描仪点云数据都可以用这款软件运行处理。该软件提供了开放的插件接口，具有良好的开放性和兼容性。

插件程序采用C++开发编程，开发平台选用 Microsoft Visual Studio 2010、Polyworks SDK 2014。基于 Polyworks 提供的 COM 接口，在 Microsoft Visual Studio 2010 中建立 ATL 工程，实现与 Polyworks 之间的通信连接。插件的计算流程如图 6.15 所示。

插件运行点云自动平面识别算法基本原理：假设要处理的点云数据是无结构的三维点云数据，也就是点云数据上的点没有相应的法向量信息（大部分的点云数据都是无结构的点云数据，即使有，通过拼接处理等过程，法向量也会丢失）。

（1）进行点云法向量估算。法向量估算的过程是，程序自动选择点云数据中的种子点，通过搜索周围的一定数量的点坐标数据，

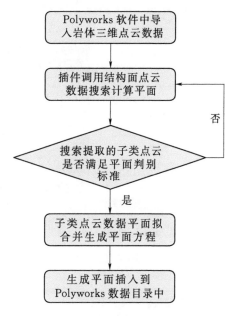

图 6.15 结构面自动识别提取流程图

进行拟合平面处理。对于搜索周围一定数量的点，常用的有两种方法，一种是 KNN 算法（K Nearest Neighbors），另一种是 FDN（Fixed Distance Neighbors）算法，因为 FDN 算法跟点云的间距、密度有关，不同扫描间距的数据需要设定搜索距离，所以程序插件中采用的 KNN 算法，就是搜索与选定点最短距离的周围 K 点进行平面拟合。

（2）根据平面拟合进行法向量估计算法，每个点除了有个平面外，还有生成这个平面的残差。这个残差值大小可以用来判断点云是否是连续的一个面。残差值大的话可能周围有很多噪点，可能这个点处于物体边缘，也可能表明这些点云弯曲度大不能用平面表达。

4. 自主开发的结构面识别软件应用

该软件的运行过程大致如下：

（1）安装插件程序到 Polyworks 软件中，插件安装完成后在菜单栏 Tools/Plug-ins/CompanyName 中可以找到启动程序，调入要查找结构面的点云数据，启动插件程序，如图 6.16 所示。

（2）插件启动，弹出参数对话框。参数内容主要包括"最少平面点云数""最大平面点云数""相邻点搜索点数""平滑度阈值""平面残差阈值"等。依据不同的点云质量可改变各参数，参数物理意义明确直接，修改简单。设置好参数后，程序将自动计算提取分离各个结构面点云数据，并对分离出来的点云数据进行结构面拟合，由此在 Polyworks 软件中生成相对应的结构面点云数据和平面拟合数据，如图 6.17 所示。

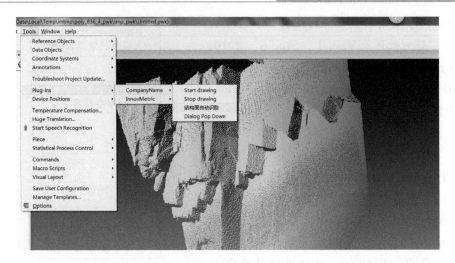

图 6.16 Polyworks 软件中启动"结构面自动识别"插件

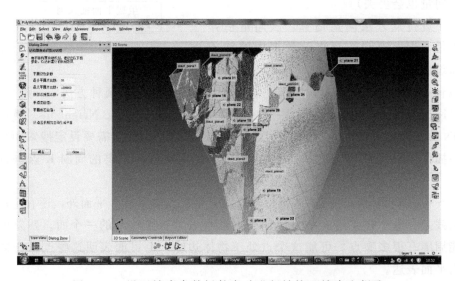

图 6.17 设置搜索参数插件自动进行结构面搜索和提取

（3）通过插件程序分离的点云数据和拟合生成的平面数据完全三维可视化，可以逐一对这些数据进行检校，如由于噪点云数据造成误生成，可以检查发现并人工剔除，图 6.18 展示的便是结构面与分离出来的点云数据进行校核。

对于复杂场景条件下，尤其是在一些地形条件受限、不可避免的前景遮挡的情况发生时，点云数据中的结构面会出现漏洞无数据的情况，点云数据的中上部由于视角原因，有一组结构面就没有点云数据，但是通过人为判断可以清晰地发现这组结构面的存在，如图 6.19 所示。对于这种情况，可以采用人工添加结构面拟合平面的办法。由于数据是在 Polyworks 软件中的，前面提出的"三点法""多点法"等收到提取结构面的方法都可以适用，因此对于点云数据缺失或者质量不好而导致的结构面提取缺失的问题，可以采用人工手动添加的办法完成，如图 6.20 所示。

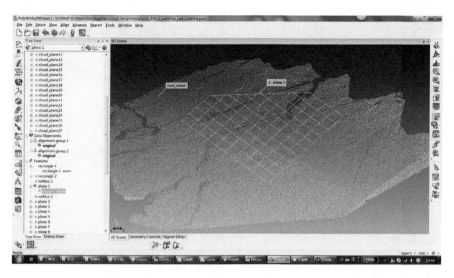

图 6.18　可对任意一个结构面进行提取的点云和平面进行检查

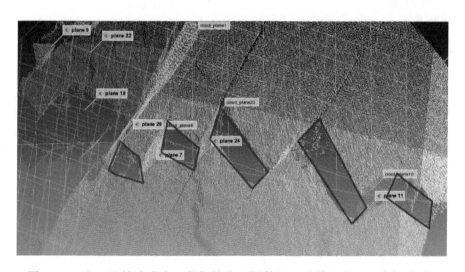

图 6.19　由于遮挡造成点云数据缺失，插件无法计算查找（红色框位置）

6.5.3　岩体结构面出露迹线的提取

上面内容论述的是采用人工、半自动、自动等方法提取岩体结构面生成拟合平面。这些平面都是三维空间数据，对于传统的地质图件而言都是二维的，因此需要通过转化将结构面空间三维数据转换为与坡面投影面相交的二维迹线表达。

1. 直接提取

对于结构面与坡面投影平面大角度相交，出露形式是线状的，可以直接利用Polyline（多义线）进行拟合提取；对于角度相交的结构面，则需要判断投影平面与结构面的交线位置而确定结构面迹线。

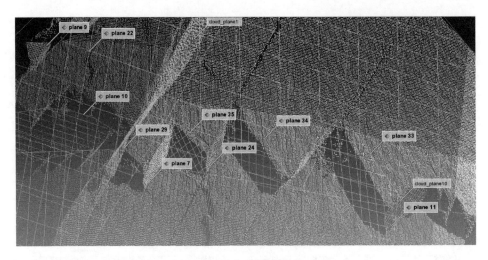

图 6.20　手动提取结构面

2. 间接提取

对于三维激光扫描设备而言，获取的彩色点云数据是利用数码照片的彩色像素点与点坐标信息进行拟合，然后对点云数据中的结构面进行识别。可以换个角度思考问题，即在某些情况下可以改变这个操作顺序。当结构面特征不明显，坡表出露迹线短小时，有时三维点云数据即便使用彩色信息也难以识别，毕竟彩色点云数据的分辨率比不上原始的数码照片。因此，在数码照片上利用不同颜色的线条，在数码照片上勾画短小结构面位置（不同颜色的线条代表不同分组的结构面），并将这些线条信息保存到照片中，然后通过这个照片与对应的点云数据耦合，这样获取的点云数据中彩色信息就显示了之前在照片中所做的结构面迹线信息（图 6.21），这样在点云数据中就可以轻松地识别结构面的迹线位置。

图 6.21　点云与带有勾画结构面信息的照片耦合

6.5.4 岩体结构面产状计算

1. 结构面产状的计算原理

前已论述，点云数据在结构面识别之前应完成坐标系统校准的预处理，也就是说点云数据中的坐标系统或者方位与边坡真实的空间位置是相对应的。那么点云数据中识别的结构面或者拟合生成的平面，所蕴含的几何信息通过数学方法表达，便可求解结构面的产状。

拟合平面的一般式方程如下：

$$Ax + By + Cz + D = 0 \tag{6.1}$$

式中：A、B、C、D 为平面方程参数（A、B、C 三者不能同时为零，且为该平面法向量坐标 $n = \{A, B, C\}$）。

在明确了几何意义后，根据平面的一般式方程，利用地质结构面产状的定义，可以推导出结构面产状参数的计算公式：

（1）当 A、B、C 三个参数都不为"0"时：

$$结构面走向 = \begin{cases} NW, & A \times B > 0 \\ NE, & A \times B < 0 \end{cases} \tag{6.2}$$

$$结构面走向线与 N 夹角 = \frac{180 \times \arctan\left|\dfrac{B}{A}\right|}{\pi} \tag{6.3}$$

$$结构面倾向 = \begin{cases} NE & A > 0, B > 0, C > 0 \\ SW & A > 0, B > 0, C < 0 \\ SE & A > 0, B < 0, C > 0 \\ NW & A > 0, B < 0, C < 0 \\ NW & A > 0, B > 0, C > 0 \\ SE & A < 0, B > 0, C < 0 \\ SW & A < 0, B < 0, C > 0 \\ NE & A < 0, B < 0, C < 0 \end{cases} \tag{6.4}$$

$$倾角 = \frac{180 \times \arctan\left(\dfrac{\sqrt{A^2 + B^2}}{|C|}\right)}{\pi} \tag{6.5}$$

式中：E、S、W、N 分别为地理方位东、南、西、北。

（2）当三个参数为"1"或者"0"时：前面已经讨论了结构面三个参数均不为"0"的情况，而在平面参数 A、B、C 为"1"或者"0"的情况时，结构面的地质产状是水平或者垂直发育的，其结构面的产状判别见表6.1。

表 6.1　　　　　　　　　　　特殊情况下的结构面参数表

A	B	C	走向	走向线与 N 夹角	倾向	倾角/(°)
0	X	X	EW		N，$B \times C > 0$ S，$B \times C < 0$	式 (6.5)
X	0	X	SN		E，$A \times C > 0$ W，$A \times C < 0$	式 (6.5)
X	X	0	NE，$A \times B > 0$ NW，$A \times B < 0$	式 (6.3)		90
0	0	1	水平面			0
0	1	0	EW			90
1	0	0	SN			90

注　X 代表参数值不为零。

2. 结构面产状计算的计算机编程

通过以上分析结果，基于获取的平面方程参数，即可得到结构面产状信息。为方便处理数据，可根据以上分析的原理编制相关的后处理软件。图 6.22 显示界面为自行编制的结构面产状计算软件，其可嵌入 Polyworks 软件中直接调用，而且实现自动获取选中的拟合平面参数，直接显示所对应结构面产状参数，同时具备批处理多个拟合平面参数功能。

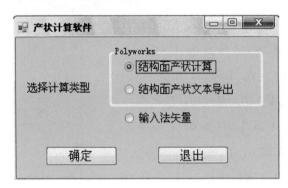

图 6.22　结构面计算的程序界面

启动插件程序，选择结构面计算类型，在 Polyworks 软件 IMInspect 模块中选择已经拟合生成的平面（可单个选择也可多个选择），软件通过计算将结果显示在文本框中，用户可以点击复制（图 6.23）。

当需要计算多个结构面产状时，且需将结构面产状信息数据保存为文本时，可在图 6.23 所示位置选择结构面文本导出选项。在三维处理软件中将识别出来的平面选中，鼠标右键选择 Export – To text 选项，由此操作将平面方程参数信息导出并保存为文本；再使用产状计算软件导入此文本文件，程序插件将调用平面方程参数，自动批量计算这些参数，从而获取拟合平面所代表的地质结构面产状。产状的计算结果显示在文本框中，这些计算结果也可以导出保存在文本数据中。

另外，编制的结构面计算插件也考虑到其他情况，提供了手动输入平面法向量的选项，可以采用多种手段进行结构面产状的计算。

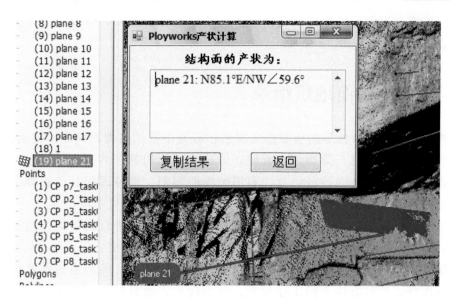

图 6.23 插件程序显示测量结果

3. 结构面产状的统计分析

节理玫瑰花图是地质工程当中常用的一个结构面分析工具，是图解表示结构面空间方位及其发育优势程度的，又可分为走向玫瑰花图和倾向、倾角玫瑰花图两种。走向玫瑰花图（图 6.24）是以半径方向表示节理走向方位，以半径长度单位表示该组节理的数量，将各组节理裂隙产状信息综合以上原则投影到图上，连接相邻各投影点，对于无节理裂隙发育的方位则连线至圆心。倾向、倾角玫瑰花图（图 6.25），表达的内容既有倾向发育的优势方位又有倾角发育的范围。为了提高结构面产状统计分析的便捷性，已有学者采用 VB 等编程语言开发了节理玫瑰花图自动成图的程序

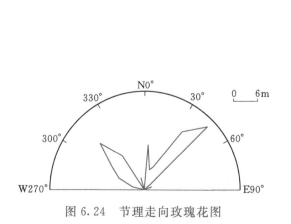

图 6.24 节理走向玫瑰花图

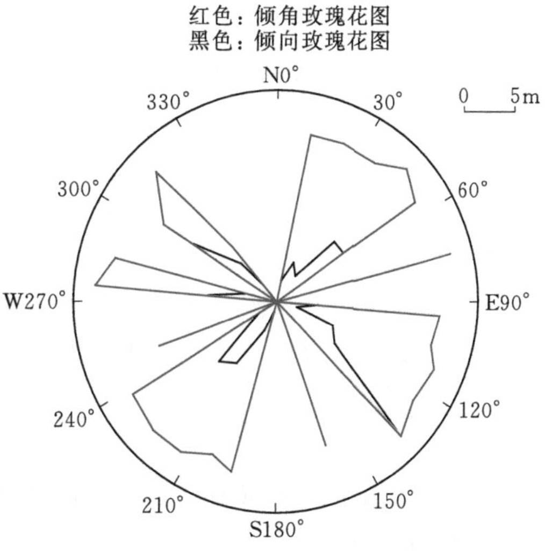

图 6.25 节理倾向、倾角玫瑰花图

插件，根据调查识别的结构面产状信息，自动生成分析图件，分析结果可选择图片格式或者 AutoCAD 格式进行存储。

6.6　岩体结构面地质编录

结构面是岩体力学性质的重要影响因素，研究中采用结构面间距、完整性系数、单位面积裂隙条数和总长等指标，表征岩体被结构面切割下的损伤情况。以一定面积范围内所有结构面空间特征信息，利用结构面间距、单位面积总迹长等参数指标来定量评价岩体的结构，数据真实、完整，是最为可信的研究手段。

传统的岩体结构地质编录方法仍停留在用罗盘、皮尺进行现场调查及描绘成图的阶段，即通过皮尺确定结构面的相对位置、延伸长度、厚度、间距等几何特征，现场勾绘结构面轮廓线，使用地质罗盘获取结构面产状信息，然后通过计算机扫描矢量化现场图件。这种方法不但工作量大、效率较低，而且难以保证测量数据的准确性。随着工程建设规模越来越大，边坡越挖越高、开挖速度越来越快，在施工过程中开挖、运渣、支护往往同时进行，很难为调查人员提供充裕的时间和安全的空间进行详细的现场地质编录，特别是在高陡边坡开挖过程中，现场获取开挖边坡的岩体结构信息，难度是相当大的。

利用激光扫描设备点云数据采样精度高、速度快、采样分辨率高的特性，对开挖边坡进行三维点云数据采集。对获取的点云数据标靶点进行大地坐标测量，以便对获取的点云数据进行坐标转换，以使点云图像坐标与工地现场实际情况相符合。考虑到研究对象为岩体中的结构面，需要获取细小岩体结构面空间信息，以便进行岩体结构的精细描述，根据研究内容可将扫描间距设置在数毫米或者数厘米内。

在施工现场数据获取过程中，不可避免地受到施工振动、粉尘、爆破时间限制等一系列不利因素的干扰，今后此类工作中应在数据分辨率与采样时间二者间找到合理平衡点，既能做到点云数据质量满足工作需求，同时现场采集时间又尽量缩短。在野外结构面的调查统计中，Ⅰ级、Ⅱ级结构面比较明确，数量也相对较少；而岩体中大量发育的主要为Ⅲ级、Ⅳ级结构面，其随机展布是构成岩体结构最基本的层次。传统的结构面调查方法主要包括岩体裂隙调查的测线法、节理岩体调查的普遍测网法、岩体裂隙全迹长测量法、节理岩体调查的迹长估计法。以上的这些统计方法，都可以在三维点云数据及解译成果中实现，从而减少了大量现场工作时间。

6.6.1　快速地质编录

岩体结构快速地质编录方法，以四川某水电站左岸拱肩槽开挖边坡岩体结构编录操作进行介绍。

电站左岸拱肩槽开挖边坡每 10m 为一开挖马道，边坡开挖坡角为 60°，光面爆破作业，施工进度迅速，由于施工工期十分紧张，爆破产生的土石方要迅速运出，并进行下一开挖面的爆破孔钻进施工，给地质人员现场地质编录时间有限，同时边坡上部进行锚索支护施工，立体交叉施工作业对坡面地质调查人员人身安全带来严重安全隐患。拱肩槽边坡开挖施工现场如图 6.26 所示。

图 6.26　开挖中的拱肩槽边坡

开挖面岩体结构三维点云数据由三维激光扫描仪 ScanStation2 获取完成。为能最大程度地表达岩体的细节信息，同时兼顾现场数据采集的时间，最终确定采样点间距为 4mm。为避免因岩体结构面凹凸不平而产生点云数据缺失，故在开挖平台处两端交叉扫描，点云数据拼接叠加后三维点云数据完整，基本无数据遗失，后期数据预处理中对空中粉尘等噪点进行剔除，并将坐标系统转换为工程坐标系。

1. 结构面迹线空间位置获取

开挖面三维点云数据与彩色信息进行耦合匹配，对于提取Ⅲ级、Ⅳ级结构面相对简单，但是Ⅴ级结构面识别与提取在某些情况下还存在一定困难。由于Ⅴ级结构面相比之下有随机断续分布、延伸长度较小及硬性接触等特点，所以在三维点云数据中较难识别与提取。

为了精细反映开挖边坡岩体结构面的真实空间发育分布状态，通过大量实验多次尝试，建立了一套对于结构面的三维点云数据识别、解译提取的技术方法，总结起来大致可以分为两类：①直接在点云数据表面识别并提取结构面；②利用外部数码相片先标记、后耦合、再提取。

方法一，在扫描点云数据中用空间多义线对结构面出露迹线进行描述，对出露的结构面产状直接进行测量，方法简单实用，不过多叙述，效果如图 6.27 所示。可以看出，在结构面发育、出露清晰、规整的条件下，利用点云影像数据可直接识别。

图 6.27　解译结构面迹线空间位置

方法二，利用数码相片标记结构面位置，与三维点云耦合匹配，再对点云数据进行结构面的识别与提取，具体操作步骤如下：

（1）由于高像素数码相片分辨率高，对细小结构面反映清楚、细致，所以可在数码相片上解译细小结构面，利用画图工具在照片上将结构面出露迹线用不同颜色线条分组描出，并将照片存储。

（2）利用坡表特征点或人工标记点将三维点云数据与处理过的照片进行耦合匹配，得到带有彩色信息标记的结构面点云信息（图 6.21）。

（3）通过标记结构面信息的彩色点云三维影像数据，可以清晰、准确地识别并提取 V 级类的结构面空间信息，根据颜色等事先做好分组信息，在提取时应按分组进行。

2. 结构面产状获取

结构面产状计算前已叙述，在分组结构面中对每组典型结构面进行产状测量。对结构面坡表出露部位上点云数据的自动捕捉，生成一拟合平面，由此平面代表结构面的空间延伸状态，并获取该平面法向矢量，由编制的结构面产状计算程序得到产状参数。根据获取的结构面出露迹线位置及结构面分组产状，采用 AutoCAD 对这些提取信息进行成图并美化，以便获得传统意义上的岩体结构地质编录图件（图6.28）。

结构面三维点云数据只能在一定程度上反映其空间几何特征。彩色信息作为辅助表达，对岩体结构地质特征的总体把握与判断十分重要。岩体结构基于点云数据的识别与提取必须建立在地质调查的基础之上，且对边坡岩体结构特征有一定的地质认识与理解。只有在具有地质概念的前提下，开展结构面的识别与解译才能事半功倍。

6.6.2　补充地质描述

通过点云数据获取的结构面信息主要是空间的几何特征，其组成物的性质、结构面性状等地质内容无法获取。根据国际岩石力学学会推荐的裂隙描述方法，结合

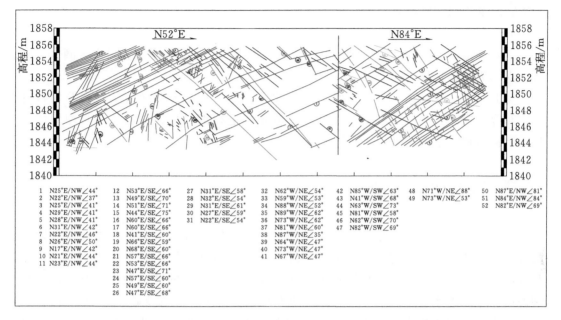

图 6.28 基于点云数据生成的 AutoCAD 地质编录图件

地质工作传统的调查习惯，基于三维点云数据的地质结构面编录工作，还需要对结构地质工作进行工程特性现场描述，总结起来大致包括如下内容。

1. 裂隙组数及产状

裂隙产状的描述采用"走向/倾向∠倾角"的形式。点云数据可解译大部分结构面产状，在野外补充描述时可结合结构面分组情况进行综合描述，并对典型、重要的结构面进行人工测量并作为数据成果的检校依据。

2. 裂隙粗糙度

由于点云数据无法识别细小结构面的粗糙程度，所以需要进行人工补充描述。根据国际岩石力学学会的建议，现场对结构面起伏粗糙程度的描述可采用九级标准制：①平直镜面；②平直光滑；③平直粗糙；④波状镜面；⑤波状光滑；⑥波状粗糙；⑦阶坎镜面；⑧阶坎光滑；⑨阶坎粗糙。很多情况下对于结构面的粗糙度描述可结合结构面分组进行综合描述分析。

3. 张开度

张开度指相邻结构面间的垂直距离。张开度除直接影响岩体的变形和强度特性外，还是控制岩体的水力学特性的关键因素。对张开度的测量，严格来说应采用泥膜法或使用专门的塞尺，现场调查中往往是采用直尺测量或者人为估算。

4. 充填度及充填物

充填度的定义是指被充填的裂隙中充填物质的厚度。充填物指隔离不连续面岩壁间的物质。

5. 胶结程度

胶结程度主要对有充填物的裂隙而言。充填物胶结的程度描述可分为好、较好、中等、差及松散无胶结五个级别。

6. 地下水状况

主要是指裂隙及附近洞壁的地下水状况，用干燥、潮湿、湿润、浸水、滴水、股状涌水六级指标来描述。

综上所述，现场描述的结构面几何特性应与点云数据中解译的结构面几何特性一一对应。实践表明，既可以通过打印边坡照片进行编号描述，也可以打印解译成果的结构面地质素描图进行对应描述。

6.7　节理裂隙精测

在点云数据中解译裂隙是一个较繁琐的过程，但对水利水电工程坝址区裂隙的统计是一个非常有意义的工作，把握坝址区岩体结构和结构面起控制作用的主要工程地质问题是很重要的。这种统计的方式也是一种宏观上的准确判断，避免由于主观原因产生以点代面、以局部代替全局的不足，从而不能准确反映裂隙分布的规律。采用三维激光扫描技术在裂隙组的发育间距，发育密度以及延伸长度等方面的判别有着与传统方法不可比拟的优点。当然在解译中不可能做到每一个裂隙产状的量测，只能在一个比较笼统的认识之下，先对裂隙做一个较为客观的分组，尽量做到细化的解译。但裂隙的某些性状如同断层的某些性状一样也只能通过人工调查解决。

下面以青海黄河上游某水电站坝址区两岸高陡自然边坡为例，采用三维激光扫描技术对节理裂隙进行精测解译。

该工程坝址区处于青藏高原腹地，河谷弯曲，深切 200～250m，河道狭窄，水流湍急，多有跌坎。坝址所在河段具典型高原深切 V 形河谷地貌特征，河谷狭窄，岸坡高陡，两岸坡顶均为平台，岸坡地形较完整，两岸地形总体左岸高、右岸低。枢纽建筑物主要涉及中生代块状结构二长岩（$\pi\gamma_5$）和三叠系中～厚层状变质砂岩偶夹薄层板岩（T_{2-3}），二长岩和变质砂岩均为坚硬岩。坝址区发育的断层规模不大，断层带多为岩屑、岩粉充填，挤压紧密，工程地质性状较好；二长岩中长大裂隙发育，主要有高倾角 NNW、NNE 组和缓倾角 NWW 组；变质砂岩除层面发育外，其他各组裂隙延伸长度不大。坝址区发育的各组断裂构造是控制天然岸坡、工程边坡稳定性的重要边界条件，尤其受断层、裂隙切割，天然岸坡中倒悬块体、倾倒体等危岩体十分突出。两岸岸坡岩体风化、卸荷现象十分普遍，尤其左坝肩山梁卸荷拉裂深度较大、延伸较远，对建基面的确定和坝肩稳定性有重要影响。

为了查明坝址区不同类型和级别结构面的分布规律，采用了三维激光扫描技术对坝址区的结构面进行了精细测量和分析。研究是在前期工作已有成果的基础上开展现场坝址区两岸扫描，解译并获取结构面的产状、间距、迹长等，分析结构面性状、连通率、分级等，研究边坡工程区斜坡的岩体结构、坡体结构，进一步结合工程边坡的布局和设计，分析边坡块体组合模式及其规模、边界范围等，综合块体的形成条件、特征和临空条件，初步评价工程边坡的稳定性。

两岸岸坡陡峻（图 6.29、图 6.30），呈明显的 V 形，不对称，总体右岸更陡。峡谷具有从上游到下游河谷渐趋开阔（河面最窄处为 40m）、从下部向上部逐渐变缓的特征。两岸变质砂岩岸坡相对较缓，平均坡度约 56°，且坡度比较稳定。较之变质砂岩，二长岩岸坡更为陡峻，坡度一般在 65°～70°以上，且因块体组合，局部塌落，坡体倒悬，微地貌发育。两岸基本一坡到顶，但可见两个较小平台：一平台高程 3170～3180m，该平台以下，二长岩边坡坡度平均为 72°，局部为近直立陡崖；另一平台高程 3220～3230m，该平台以下至 3180m，二长岩边坡坡度平均为 61°；该平台以上，边坡坡度平均为 50°。

图 6.29　右岸地形全貌

图 6.30　左岸地形全貌

坝址区地质构造主要表现为断层、裂隙、变质岩层面三种，并具有以下总体特征：

（1）坝址三叠系地层整体呈 NEE 向陡倾单斜构造（倾向 SE，且在左岸自下游向上游，其走向往 NE 方向发生偏转），在左岸为反倾纵向岸坡，在右岸形成陡倾顺层岸坡；中生代侵入岩（二长岩）与三叠系地层呈侵入接触；二长岩中断裂隙发育。

（2）二长岩中地质构造以中小型断层、中小型裂隙及长大裂隙为主，长大裂隙以

NNE、NNW 两组最为发育，迹长数十米至百余米者发育较多，部分成组长大裂隙搭接后可从河床延伸至岸顶。

（3）变质砂岩中主要是发育层面（及层间错动带）、走向节理（NEE 向缓倾）、倾向节理（NW 向陡倾）。

（4）坝址区二长岩、变质砂岩中分布有数量较多的随机节理，是构成岩体结构的基本不连续面。

6.7.1　右岸结构面精测

根据获取的坝址区自然陡立边坡三维点云数据，对右岸出露的结构面迹线采用 Polyline 进行拟合勾画，其解译成果见图 6.31～图 6.35，解译完成输出 AutoCAD 格式的地质编录图件见图 6.36。

图 6.31　右岸边坡三维影像及岩体结构面解译全貌

图 6.32　右岸边坡三维影像及岩体结构面解译（局部一）

图 6.33　右岸边坡三维影像及岩体结构面解译（局部二）

图 6.34　右岸边坡三维影像及岩体结构面解译（局部三）

图 6.35　右岸边坡三维影像及岩体结构面解译（局部四）

1. 右岸软弱结构面展布特征分析

右岸岸坡高陡，通视条件良好，且植被覆盖较少，因此利用三维激光扫描技术可获得坡面上结构面的空间展布特征，如图 6.36 所示，图中红色的结构面延伸较远，规模较大的为发育的断层，现场对各条断层进行了详细的调查，并结合前期地质调查资料，获得 22 条断层的基本特征。

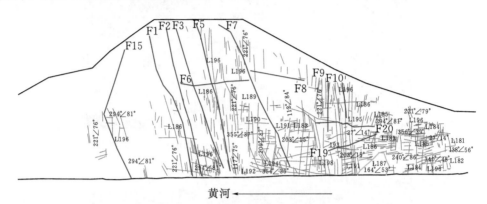

图 6.36　节理裂隙精测地质编录图

将解译获得的软弱结构面作统计分析，其极点等密图见图 6.37。

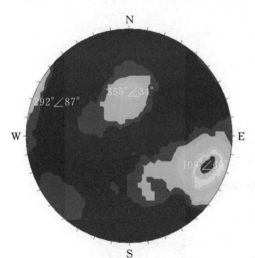

图 6.37　右岸软弱结构面极点等密图

综上分析，右岸软弱结构面分组特征见表 6.2。

从以上统计结果来看，右岸发育三组软弱结构面，其中以中陡倾角，倾坡外上游的一组最为发育，其优势产状为109°∠69°，右岸坡表调查的断层产状多接近于此组结构面。其余两组并不突出。

2. 右岸硬性结构面展布特征分析

通过对右岸地表进行了详细的结构面统计、测量，并对所有硬性结构面进行优势方位统计，右岸坡面裂隙分布立面图（比例尺 1∶1000）见图 6.38，右岸坡面正射投影方位示意图（比例尺 1∶1000）见图 6.39，极点等密图见图 6.40，结构面分组情况见表 6.3。

表 6.2　　　　　　　　　　　　　　右岸软弱结构面分组特征

组号	优势方位		范围值		与坡向的关系
	倾向/(°)	倾角/(°)	倾向/(°)	倾角/(°)	
1	109	69	98～121	54～76	倾坡外上游
2	355	34	321～11	23～46	倾坡内
3	292	87	278～315	75～88	陡倾坡内

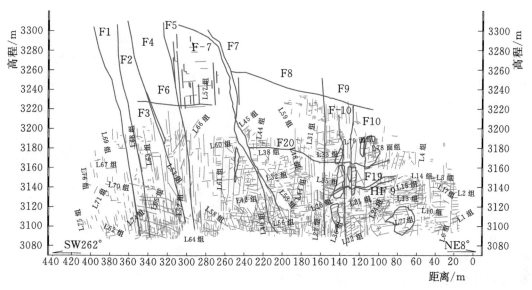

图 6.38 右岸坡面硬性结构面分布地质解译立面图（比例尺 1∶1000）

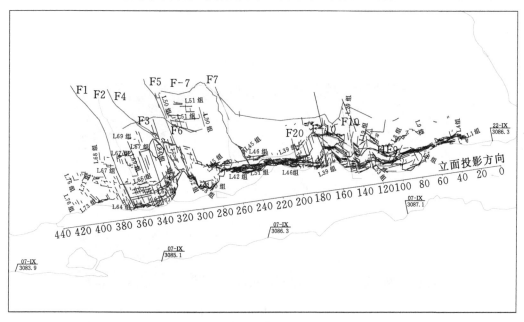

图 6.39 右岸坡面硬性结构面正射投影示意图（比例尺 1∶1000）

结构面优势方位分组统计结果见表 6.3。

表 6.3 右岸硬性结构面优势方位分组统计表

组号	倾向范围值/(°)	倾向/(°)	倾角范围值/(°)	倾角/(°)	与边坡的关系
1	325～25	346	11～43	23	缓倾坡内下游
2	202～255	233	71～86	77	与坡向近垂直
3	96～126	113	63～75	72	陡倾坡外上游
4	328～356	345	73～88	79	陡倾坡内下游
5	165～189	172	70～79	76	陡倾坡外上游

从以上统计结果可知，右岸边坡硬性结构面有如下发育特征：

（1）右岸发育 5 组硬性结构面，其中以倾坡内上游的第 1 组为倾坡内下游的缓倾结构面，产状为 $346°\angle23°$，此组结构面主要发育在右岸上游侧边坡，即厂房进水口边坡和坝肩边坡中、下部，而在下游侧边坡中发育较少。

（2）第 4 组和第 5 组结构面倾向相反，倾角一致，两组结构面都是陡倾的，倾角在 70°以上。

（3）右岸结构面倾角除第 1 组为缓倾外，其余均为倾角均在 70°以上，为陡倾角结构面。

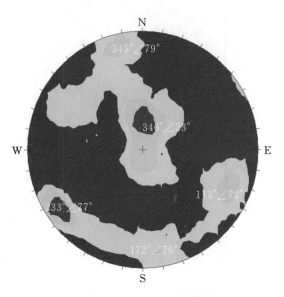

图 6.40　右岸硬性结构面极点等密图

6.7.2　左岸结构面精测

左岸结构面发育特征解译方法同右岸，解译过程见图 6.41～图 6.44。

图 6.41　左岸三维点云影像及节理裂隙解译成果全貌

1. 左岸软弱结构面发育特征

左岸边坡尽管通视条件良好，但坡表植被较为发育，且多处地段均为坡积物或弃渣所覆盖，因此利用三维激光扫描获得的坡表结构面发育情况效果欠佳。软弱结构面通过平硐揭露统计。

2. 左岸硬性结构面发育特征

对左岸坡表进行了详细的结构面统计、测量，节理裂隙解译成果见图 6.45 和图 6.46，并对所有硬性结构面进行优势方位统计，极点等密图见图 6.47。

图 6.42 左岸三维点云影像及节理裂隙解译成果（局部一）

图 6.43 左岸三维点云影像及节理裂隙解译成果（局部二）

图 6.44 左岸三维点云影像及节理裂隙解译成果（局部三）

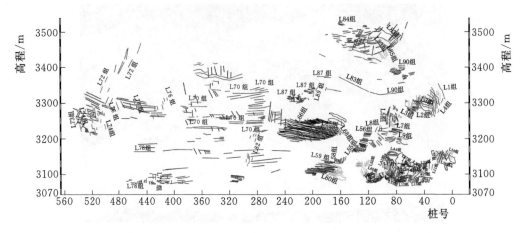

图 6.45　左岸坡面结构面分布地质解译立面图（比例尺 1∶1000）

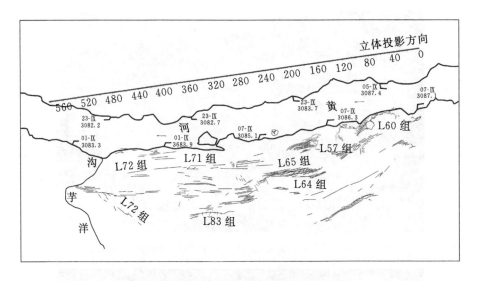

图 6.46　左岸坡面结构面迹线正射投影示意图（比例尺 1∶1000）

结构面优势方位分组统计结果见表 6.4。

表 6.4　　　　　　　　　左岸硬性结构面优势方位分组统计表

组号	倾向范围值 /(°)	倾向 /(°)	倾角范围值 /(°)	倾角 /(°)	与边坡的关系
1	188～239	214	53～68	57	倾坡内下游
2	133～165	148	79～88	87	陡倾坡内上游
3	125～146	133	45～63	55	倾坡内上游
4	304～349	332	73～88	81	倾坡外下游

从以上统计结果可知，左岸边坡硬性结构面有如下发育特征：

（1）发育 4 组硬性结构面，其中以倾坡内上游的第 1 组结构面最为发育，此组结构面主要为三叠系变质砂岩的层面，优势产状为 214°∠57°。

（2）硬性结构面倾向以倾坡内为主，其中仅第 4 组结构面倾坡外，产状为 332°∠81°。

（3）结构面倾角以中、陡倾为主，四组优势结构面中倾角最小值为 55°，缓倾角结构面发育较少。

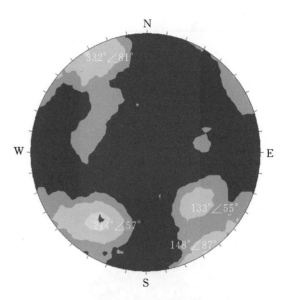

图 6.47 左岸硬性结构面极点等密图

6.7.3 结构面发育特征分析

结构面是划分岩体结构的基础，而岩体结构又是划分坡体结构的基础，因此对于结构面的研究至关重要，将直接影响岩体结构、坡体结构的准确划分，进而影响边坡稳定性评价。

坝址区结构面资料主要通过勘探平洞精测、地表调查及三维激光扫描方式获得，进而对获得的上千条结构面进行统计分析，分别从结构面的产状分布、结构面规模及结构面性状等方面展开，揭示坝址区结构面的发育特征。

1. 不同岩性结构面产状分布特征

坝址区基岩主要由中生代二长岩（右岸为主）及三叠系中厚层砂岩（左岸为主）两种岩性组成，两种岩性中结构面均有连续分布的特征，同时也表现出不同的分布规律（图 6.48、表 6.5）。

表 6.5 不同岩性结构面优势方位分组统计表

岩性	组号	优势方位		范围值	
		倾向/(°)	倾角/(°)	倾向/(°)	倾角/(°)
变质砂岩	1	241	83	215~265	65~89
	2	174	67	160~200	52~82
	3	116	62	102~131	50~80
	4	9	26	332~320	0~45
	5	65	85	44~83	63~89
	6	325	81	311~348	72~89

续表

岩性	组号	优势方位		范围值	
		倾向/(°)	倾角/(°)	倾向/(°)	倾角/(°)
二长岩	1	242	83	213～259	65～89
	2	156	70	143～171	63～86
	3	112	72	97～127	51～88
	4	321	7	315～310	0～42
	5	330	81	312～345	70～89

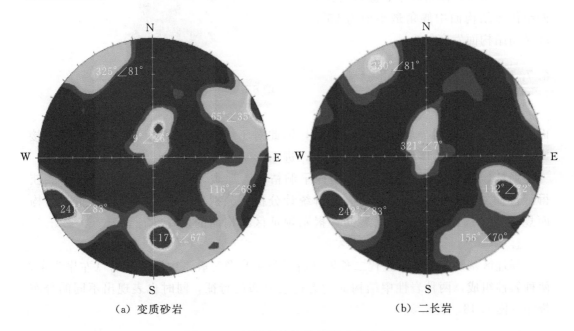

（a）变质砂岩　　　　　　　　　（b）二长岩

图 6.48　不同岩性结构面极点等密图

结合上述统计结果，坝址区不同岩性结构面具有如下分布特征：

（1）两种岩性结构面分布规律具有明显的一致性，变质砂岩区 6 组结构面在二长岩区均有发育，区别仅在于两种岩性中每组结构面各自发育程度不同。

（2）变质砂岩区共发育 6 组结构面，其中以第 1、第 2、第 4 组最为发育，可分为中、陡倾组（第 1、第 2 组）及缓倾组（第 4 组）两种，第 2 组结构面（优势产状 174°∠67°）主要为三叠系变质砂岩的层面。

（3）二长岩区主要发育 5 组结构面，结构面发育相对较为集中单一，以第 1、第 3 组最为发育。其中第 1 组（优势产状 242°∠83°）与变质砂岩区发育程度相近，而在变质砂岩区发育的第 2、第 4、第 5 组在二长岩区发育较少。同时二长岩区也发育一组似层面结构面即第 2 组（优势产状 156°∠70°），数量较少。

2. 两岸结构面分布特征

（1）左岸。据节理裂隙解译及平洞揭露情况统计结果（图6.49），左岸变质砂岩区可分为陡倾组与缓倾组两种，陡倾组又包括陡倾坡内（优势产状178°∠67°及245°∠85°）、陡倾坡外上游侧（优势产状51°∠66°）、陡倾坡外下游侧（优势产状324°∠78°）共4组；缓倾面主要为缓倾坡外组（优势产状9°∠28°），易产生不利块体组合。

左岸二长岩区分布规律与变质砂岩区基本一致，陡倾组可分为陡倾坡内下游侧（优势产状243°∠83°）、陡倾坡内上游侧（优势产状161°∠70°及113°∠72°）与陡倾坡外下游侧（优势产状327°∠81°）共4组；缓倾面主要为近水平缓倾坡外组（优势产状44°∠2°）。

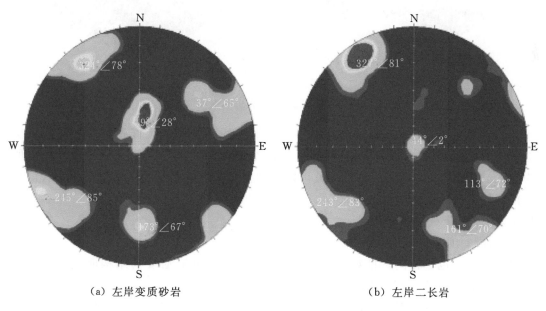

(a) 左岸变质砂岩   (b) 左岸二长岩

图 6.49 左岸不同岩性结构面极点等密图

（2）右岸。从统计结果（图6.50）可以看出，右岸变质砂岩区主要发育陡倾坡外组与缓倾组两种，其中陡倾组包括陡倾坡外下游侧（优势产状243°∠83°）、中陡倾坡外（优势产状173°∠68°）及中陡倾坡外上游侧（优势产状116°∠62°）共3组；缓倾组则同左岸一致，在右岸主要表现为缓倾坡内组（优势产状9°∠2°），发育较少。

右岸二长岩区陡倾组主要包括陡倾坡外下游侧（优势产状242°∠83°）、中陡倾坡外上游侧（优势产状112°∠72°）及陡倾坡内组（优势产状332°∠82°）共3组；缓倾组则以缓倾坡内为主（优势产状338°∠15°），缓倾坡外结构面数量极少。

3. 结构面间距及变化特征

结构面间距是评价岩体结构的直接要素，它反映了岩体的完整程度。实际运用中常采用2~3组主要结构面间距的平均值作为衡量指标。研究中以每5m洞段为单

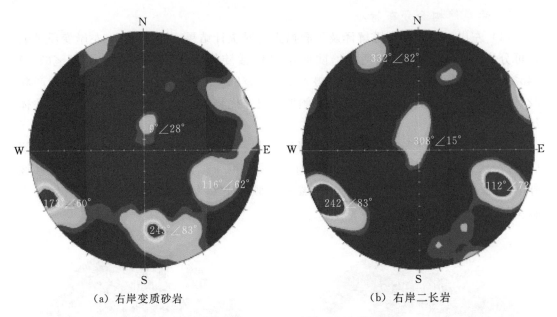

（a）右岸变质砂岩　　　　　　　　（b）右岸二长岩

图 6.50　右岸不同岩性结构面极点等密图

元计算岩体结构面间距。计算时，以各平洞洞腰线为基准线，首先将与洞腰线相交的所有结构面进行分组，然后分别计算各组结构面的间距，并取其中的最小间距值为该 5m 洞段的结构面间距。这样就可以得到各平洞不同洞段的间距值，从而获得相应的岩体结构类型。

4. 结构面规模

表征结构面特征的最直观的参数即结构面规模，结构面规模不同，其自然特性及其力学作用也不相同，且对工程的影响也不同。因此有必要对结构面规模进行分级以区别对待，进而更好地进行稳定性研究。

结构面迹长及厚度作为两个重要的岩体结构参数，直接反映了结构面的几何大小，同时也反映了结构面的规模大小，对于岩体结构的划分意义重大。

（1）结构面厚度。同结构面迹长一样，结构面厚度（宽度）也直接反映了结构面的规模。

（2）结构面迹长。坝址区结构面资料主要通过地表实测及三维激光扫描获得，因此为了更为直观地了解坝址区结构面迹长特征，仅对坝址区地表 101 条主要结构面进行迹长统计。

地表揭露的结构面主要包括断层（F）与裂隙（L）两大类，其中断层又分为缓倾角断层（HF）、层面断层（Fc）及 F 三种，裂隙又分为卸荷裂隙（LX）、缓倾角裂隙（HL）、层面裂隙（Lc）及 L 四种。据坝址区地表结构面统计结果，深大断裂迹长多大于 200m，各类 HF 及 Fc 也基本大于 80m；相对于断层，地表裂隙迹长规模则相互差别较大，其规模较大者以大于 100m 居多，少数裂隙迹长则大于 200m，而规模较小者多小于 50m。其中，卸荷裂隙迹长以 0～50m 为主，规模相对较小。总体来讲，左岸变质岩部位天然岸坡为层状反向结构；右岸变质岩部位天然岸坡为层状顺向结构。

5. 两岸坝肩边坡缓倾结构面连通率研究

根据平洞内实测以及结构面，以及三维激光扫描获得的露头点结构面数据，分别对两岸坝肩边坡缓倾结构面连通率进行研究。

两岸坝肩边坡分别根据不同剖面方向计算缓倾结构面连通率，两岸均为两条剖面。两岸顺河方向剖面走向261°；根据拱坝坝肩承受推力方向，按照弧形拱圈平均走向，左岸为200°走向，右岸为315°走向。

按照网络模拟带宽连通率的计算方法，分别对不同剖面上结构面连通率进行计算。计算成果见表6.6。

表6.6　　　　　　　　　连 通 率 计 算 结 果

剖面方向	右　　岸		左　　岸	
	顺河方向261°	推力方向315°	顺河方向26°	推力方向200°
连通率	34.86	32.80	26.60	36.10

6. 结构面分级

坝址区岩体中发育的结构面主要有断层、层面和裂隙。结构面的工程分级主要考虑结构面的相对规模、力学特性及对天然岸坡和工程边坡稳定性的影响程度等，结合电站工程实际情况，将结构面划分为4级（表6.7）。

表6.7　　　　　　　　坝址区结构面分级及代表性结构面

级序	分级标准	工程地质类型及特征	对工程岩体稳定性的影响	代表性结构面
Ⅱ级	坡面延伸长度150～300m，破碎带宽度10～50cm的断层或层间错动带，局部有影响带且宽度较大	为软弱结构面，工程区内连续分布，延伸较远或切穿岸坡，延伸较远的层间断层	为控制山体或岸边坡稳定的潜在弱面；为影响坝基岩体强度与变形的主要弱面	①较大断层：F2、F4、F5、F7、F11、F15等；②缓倾角断层：HF8、HF19、HF20等；③层间错动带：Fc12、Fc17、Fc18、Fc21、Fc22、Fc23等
Ⅲ级	延伸长度小于250m，破碎带宽小于10cm的断层、层间错动带及贯穿岸坡或两岸的长大裂隙	断层、层间错动带多为软弱结构面（连续夹泥部分），长大裂隙以硬性结构面为主	与其他结构面组合可能构成局部潜在滑移体；对岩体的完整性和整体强度也影响较大	①断层：F1、F3、HF6、F9、F10、F13、F16等；②平洞、钻孔内揭露的规模较大、性状差的断层；③贯穿整个岸坡或两岸的长大裂隙：L10、L16、L25、L136、L66等；④局部层间错动带

续表

级序	分级标准	工程地质类型及特征	对工程岩体稳定性的影响	代表性结构面
Ⅳ级	延伸长度小于50m的各种裂隙，平硐内部分小断层，宽度一般3～10mm，大部分为统计结构面	硬性结构面，闭合或部分充填岩石碎片及钙质，结合一般至好，面平直或弯曲、一般较粗糙	主要破坏岩体的完整性、影响岩体强度和变形性能	①平洞、钻孔内部分小断层、成组密集裂隙、断层影响带裂隙；②地表延伸较长裂隙、缓倾角裂隙、层面裂隙；③较大的风化、卸荷裂隙
Ⅴ级	连续性差、延伸长度小于10m，刚性接触的短小裂隙，宽度一般1～3mm，为统计结构面	硬性结构面，多闭合，少量充填钙质，结构面结合好，大多平直、较光滑～较粗糙	降低岩块强度；对岩体的完整性、强度和变形等一般影响较小	地表及平洞内的微小节理、隐微裂隙、结合力好的层理等，大量随机出现

Ⅱ级、Ⅲ级结构面为中小型断层、层间错动断层和贯穿岸坡或两岸的长大裂隙。工程区断层可考虑为软弱结构面，但含泥量少，普遍为岩屑、岩粉、岩块充填；长大裂隙多为硬性结构面，组合交割后可构成局部潜在滑移体或构成控制岸坡稳定的潜在弱面。

Ⅳ级、Ⅴ级结构面主要为岩体中各种节理、裂隙及平洞内揭示的短小断层，大部分属硬性结构面，主要影响岩体完整性，制约岩体变形特性与整体强度。Ⅳ级、Ⅴ级结构面具有成组性、随机性和数量多等分布特征。

6.7.4　天然岸坡块体组合分析

6.7.4.1　左岸坝肩

根据现有资料，分析认为影响左坝肩稳定的块体，主要由NW组（陡倾）断裂、NEE组（陡倾）断裂和规模较大的HF组（缓倾）断裂组合形成。考虑拱坝不同高程荷载状况，同时为了更清楚、全面地反映已确定块体组合情况，块体组合分高高程、中高程、低高程3种空间层次进行分析。

1. 控制性结构面

（1）侧向滑动面。靠拱端附近的NW组；靠拱端附近NW组仅考虑F13断层及拱端附近L31、L55等一系列平行F13断层的长大裂隙面。

F13：产状340°SW∠81°，倾向下游坡外，左坝肩拱端附近起重要控制的拉裂边界。

左坝肩下游侧滑面，重点考虑一系列NW组长大裂隙面。

L66：产状326°～337°SW∠87°，陡倾下游坡内，下游边界，各高程均出现。

L68：产状328°SW∠87°，陡倾下游坡内，下游边界，高程3240m以上出现。

L69：产状326°～337°SW∠87°，陡倾下游坡内，下游边界，高程3240m以上出现。

L65 组：产状 330°SW∠81°，陡倾下游坡内，最下游边界，高程 3140m 以下出现。

（2）后沿拉裂面。坡内 NEE 组构成，该组在坝基下游为变质砂岩层间挤压带；左坝肩坝基岩体下部为二长岩，向上部转为变质砂岩，但因拱端抗力体主要为变质砂岩（尤其中上部以上），抗力体总体按变质砂岩考虑，其侧向抗滑边界主要考虑变质砂岩层间挤压带，产状大致以 65°~86°SE∠56°~78°为主。

（3）底部滑动面。主要由缓倾角 HF 组构成，左坝肩整体稳定的确定块体组合中，缓倾底滑面为规模较大的断层，重点考虑以下断层及其他倾向岸外的大中型、中低倾角裂隙。

F1（PD01）：产状 45°NW∠32°，倾向坡外，分布高程 3260m 附近，靠近左拱端，高高程考虑。

HF2（PD33）：产状 315°NE∠9°，倾向坡外，分布高程 3100~3120m 的左拱端附近，中高程考虑。

HF1（PD33）：产状 26°NW∠17°，倾向下游坡外，分布高程 3080m 附近、靠近左拱端上游，低高程考虑。尽管该断层在坝后已经斜插入深部，但是仍靠近河床浅表部，为安全考虑，插入深部对应的抗力效应略去不计。

2. 块体组合

根据上述分析，左岸坝肩块体组合见表 6.8，部分组合图和赤平投影图如图 6.51~图 6.53 所示。

表 6.8 左岸坝肩块体组合表

编号	侧滑面		缓倾底滑面		后沿拉裂面		分布高程
	边界	产状	边界	产状	边界	产状	
1	L66	340°SW∠84°~87°	HF1（PD01）	45°NW∠32°	ZD16	65°~86°SE∠56°~78°	高高程
2	L69	340°SW∠87°	HF1（PD01）	45°NW∠32°	ZD16	65°~86°SE∠56°~78°	高高程
3	L71	340°SW∠81°	HF1（PD01）	45°NW∠32°	ZD16	65°~86°SE∠56°~78°	高高程
4	L75	340°SW∠84°	HF1（PD01）	45°NW∠32°	ZD16	65°~86°SE∠56°~78°	高高程
5	LX73	358°SW∠84°	HF1（PD01）	45°NW∠32°	ZD16	65°~86°SE∠56°~78°	高高程
6	L66	340°SW∠84°~87°	HF1（PD01）	45°NW∠32°	ZD17	65°~86°SE∠56°~78°	高高程
7	L69	340°SW∠87°	HF1（PD01）	45°NW∠32°	ZD17	65°~86°SE∠56°~78°	高高程
8	L71	340°SW∠81°	HF1（PD01）	45°NW∠32°	ZD17	65°~86°SE∠56°~78°	高高程
9	L75	340°SW∠84°	HF1（PD01）	45°NW∠32°	ZD17	65°~86°SE∠56°~78°	高高程
10	LX73	358°SW∠84°	HF1（PD01）	45°NW∠32°	ZD17	65°~86°SE∠56°~78°	高高程
11	F13	340°SW∠81°	HF2（PD33）	315°NE∠9°	ZD18	65°~86°SE∠56°~78°	中高程

编号	侧滑面		缓倾底滑面		后沿拉裂面		分布高程
	边界	产状	边界	产状	边界	产状	
12	L58	340°SW∠81°	HF2 (PD33)	315°NE∠9°	ZD18	65°~86°SE∠56°~78°	中高程
13	L16	10°SE∠87°	HF2 (PD33)	315°NE∠9°	ZD18	65°~86°SE∠56°~78°	中高程
14	L61	340°SW∠81°	HF2 (PD33)	315°NE∠9°	ZD18	65°~86°SE∠56°~78°	中高程
15	L66	340°SW∠84°~87°	HF2 (PD33)	315°NE∠9°	ZD18	65°~86°SE∠56°~78°	中高程
16	L65组	340°SW∠81°	HF2 (PD33)	315°NE∠9°	ZD18	65°~86°SE∠56°~78°	中高程
17	F13	340°SW∠81°	HF2 (PD33)	315°NE∠9°	ZD14	65°~86°SE∠56°~78°	中高程
18	L58	340°SW∠81°	HF2 (PD33)	315°NE∠9°	ZD14	65°~86°SE∠56°~78°	中高程
19	L16	340°SW∠81°	HF2 (PD33)	315°NE∠9°	ZD14	65°~86°SE∠56°~78°	中高程
20	L61	10°SE∠87°	HF2 (PD33)	315°NE∠9°	ZD14	65°~86°SE∠56°~78°	中高程
21	L66	340°SW∠84°~87°	HF2 (PD33)	315°NE∠9°	ZD14	65°~86°SE∠56°~78°	中高程
22	L65组	340°SW∠81°	HF2 (PD33)	315°NE∠9°	ZD14	65°~86°SE∠56°~78°	中高程
23	F13	340°SW∠81°	HF2 (PD33)	315°NE∠9°	ZD6	65°~86°SE∠56°~78°	中高程
24	L58	340°SW∠81°	HF2 (PD33)	315°NE∠9°	ZD6	65°~86°SE∠56°~78°	中高程
25	L16	10°SE∠87°	HF2 (PD33)	315°NE∠9°	ZD6	65°~86°SE∠56°~78°	中高程
26	L61	340°SW∠81°	HF2 (PD33)	315°NE∠9°	ZD6	65°~86°SE∠56°~78°	中高程
27	L66	340°SW∠84°~87°	HF2 (PD33)	315°NE∠9°	ZD6	65°~86°SE∠56°~78°	中高程
28	L65组	340°SW∠81°	HF2 (PD33)	315°NE∠9°	ZD6	65°~86°SE∠56°~78°	中高程
29	L55	340°SW∠83°	HF1 (PD33)	26°NW∠17°	ZD18	65°~86°SE∠56°~78°	低高程
30	L31	340°SW∠80°	HF1 (PD33)	26°NW∠17°	ZD18	65°~86°SE∠56°~78°	低高程
31	L16	10°SE∠87°	HF1 (PD33)	26°NW∠17°	ZD18	65°~86°SE∠56°~78°	低高程
32	F13	340°SW∠81°	HF1 (PD33)	26°NW∠17°	ZD18	65°~86°SE∠56°~78°	低高程

6.7.4.2　右岸坝肩

拱端推力作用下，对右坝肩整体稳定性起控制作用的结构面主要由 NW 组（陡倾）、NE 组（陡倾）和 HF 组（缓倾）等较大规模的断层（部分为长大裂隙）组合形成。为了更为清楚、全面地反映确定性块体的组合情况，块体组合分高高程、中高程、低高程 3 种空间层次进行分析。

1. 控制性结构面

（1）侧向滑动面。靠拱端附近的 NW 组和 NE 组，主要有以下规模较大的断层和

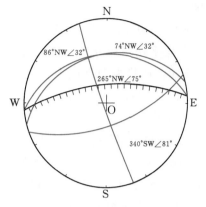

（a）块体组合模式图   （b）赤平投影图

图 6.51　块体 1 组合示意图

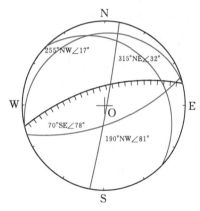

（a）块体组合模式图   （b）赤平投影图

图 6.52　块体 13 组合示意图

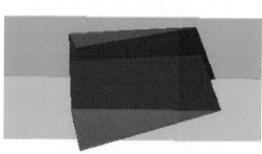

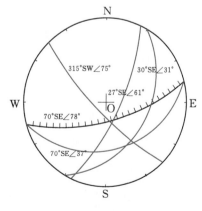

（a）块体组合模式图   （b）赤平投影图

图 6.53　块体 30 组合示意图

裂隙。

F9：产状 315°SW∠75°，倾向下游坡外，为右坝肩拱端附近起重要控制的拉裂边界，各层平切图均分布，自上而下贯通，块体组合时在高高程考虑。

F10：产状为 16°SE∠86°，倾向上游坡外，块体组合时在中高程考虑。

F14（L59）：产状为 15°SE∠66°，拱端附近发育，倾向上游坡外，块体组合时在中高程考虑。

较大的裂隙主要有 L196 组（305°SW∠76°）、L189（340°SW∠73°）、L20（335°SW∠77°）、L117 组（334°SW∠76°）、L55（335°SW∠83°）、L28（23°SE∠80°）、L27（312°SW∠88°）、L24（332°SW∠87°）、L25（310°SW∠82°）。

（2）后沿拉裂面。由 NNE 组高倾角节理或断层构成。

F7：产状 24°~27°SE∠61°，倾向上游坡外，分布高程 3100m 以上，块体组合时在高高程考虑。

L191：产状 10°SE∠75°，块体组合时在高高程考虑。

（3）底部滑动面。缓倾角 HF 组构成。缓倾底滑面（或顶部分离面）为规模较大的断层及系列长大裂隙密集带。

HF8：产状 30°SE∠31°，倾向坡外，地表出露高程 3220m 附近，靠近右拱端，块体组合时高高程考虑。

HF20：产状 283°~285°NE∠30°~35°，倾向坡内，地表出露高程 3160m 附近，靠近右拱端，块体组合时在中高程考虑。

HF19：产状 323°SW∠23°，倾向坡外，地表出露高程 3140m 附近，靠近右拱端，块体组合时在中高程考虑。

L191 组：产状 279°SW∠37°，倾向坡外，地表出露高程 3080~3120m 之间，块体组合时在低高程考虑。

2. 块体组合

根据上述分析右岸坝肩块体组合见表 6.9，部分组合图和赤平投影图如图 6.54~图 6.56 所示。

表 6.9　　　　　　　　　　　右岸坝肩块体组合表

编号	侧滑面		缓倾底滑面		后沿拉裂面		分布高程
	边界	产状	边界	产状	边界	产状	
1	L196 组	305°SW∠76°	HF8	30°SE∠31°	F7	24°~27°SE∠61°	高高程
2	F9	315°SW∠75°	HF8	30°SE∠31°	F7	24°~27°SE∠61°	高高程
3	L189	340°SW∠73°	HF8	30°SE∠31°	F7	24°~27°SE∠61°	高高程
4	L20	335°SW∠77°	HF8	30°SE∠31°	F7	24°~27°SE∠61°	高高程
5	L117 组	334°SW∠76°	HF8	30°SE∠31°	F7	24°~27°SE∠61°	高高程

续表

编号	侧滑面		缓倾底滑面		后沿拉裂面		分布高程
	边界	产状	边界	产状	边界	产状	
6	L196组	305SW∠76°	HF8	30°SE∠31°	L191	10°SE∠75°	高高程
7	F9	315°SW∠75°	HF8	30°SE∠31°	L191	10°SE∠75°	高高程
8	L189	340°SW∠73°	HF8	30°SE∠31°	L191	10°SE∠75°	高高程
9	L20	335°SW∠77°	HF8	30°SE∠31°	L191	10°SE∠75°	高高程
10	L117组	334°SW∠76°	HF8	30°SE∠31°	L191	10°SE∠75°	高高程
11	F9	315°SW∠75°	HF19	323°SW∠23°			中高程
12	F10	16°SE∠86°	HF19	323°SW∠23°			中高程
13	F14	15°SE∠66°	HF19	323°SW∠23°			中高程
14	L55	335°SW∠83°	HF19	323°SW∠23°			中高程
15	L28	23°SE∠80°	HF19	323°SW∠23°			中高程
16	L27	312°SW∠88°	HF19	323°SW∠23°			中高程
17	L24	332°SW∠87°	HF19	323°SW∠23°			中高程
18	L25	310°SW∠82°	HF19	323°SW∠23°			中高程
19	L186组	24°NW∠81°	L191组	279°SW∠37°	L55	335°SW∠83°	低高程
20	L186组	24°NW∠81°	L191组	279°SW∠37°	L24	332°SW∠87°	低高程
21	L186组	24°NW∠81°	L191组	279°SW∠37°	L25	335°SW∠87°	低高程
22	L186组	24°NW∠81°	L191组	279°SW∠37°	L196组	305°SW∠76°	低高程

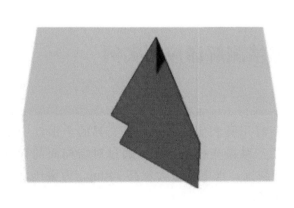

（a）块体组合模式图

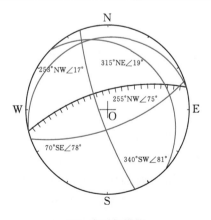

（b）赤平投影图

图 6.54 块体 2 组合示意图

（a）块体组合模式图

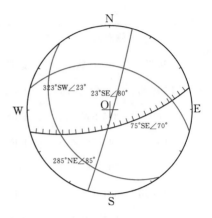

（b）赤平投影图

图 6.55　块体 12 组合示意图

（a）块体组合模式图

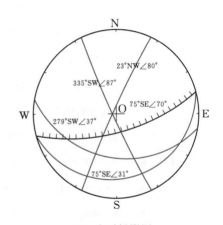

（b）赤平投影图

图 6.56　块体 19 组合示意图

6.8　人工开挖边坡节理裂隙精测解译应用实例

6.8.1　拱坝坝肩开挖边坡地质编录

　　某水电站位于云南省大理白族自治州宾川县和丽江市永胜县交界的金沙江中游干流河段上。坝肩开挖边坡地质编录采用三维激光扫描技术。通过对结构面的识别与产状量测对地质体表面的节理裂隙进行调查，水电站最大坝高 140m，为碾压混凝土重力坝。两岸坝肩开挖边坡如图 6.57 所示。

　　通过三维激光扫描技术，对坝肩开挖高边坡形成的各级马道进行整体精细扫描，坡面扫描点云采样间距控制在 2cm 左右。根据获取的扫描点云数据，对地质结构面进行调查统计，由于扫描是在整个开挖边坡开挖完成后进行的整体扫描，故采用对

（a）左岸

（b）右岸

图 6.57 两岸坝肩开挖边坡全貌图

岸架设扫描设备的方式进行采集数据。由于采集数据方式决定了获取的点云数据对于识别特别细小的结构面存在难度，故解译过程中采用对长大结构面在点云数据中解译识别，结合现场地质素描综合整理的方式进行，即长大结构面的空间位置由扫描数据获取，然后细小结构面通过长大结构面的空间定位而确定其分布位置。另外，在点云数据中通过灰度显示模式，可以清晰地分辨岩脉空间的出露情况（图 6.58）。利用空间开挖边坡所揭露的岩体结构面，针对规模相对较大者进行产状的宏观量测，这种做法在一定程度上克服了罗盘单点测量时所产生的不确定性，对长大结构面、断裂的宏观产状量测更具优越性。因此，采用三维激光扫描数据解译和详细地质调查工作的有机结合，将获取的结果导出到软件 AutoCAD 中，从而在工程施工过程中实现快速地质编录。两岸坝肩开挖边坡地质编录成果见图 6.59。

　　另外，在工作条件允许的情况下，如果针对各级马道开挖过程逐级扫描，其反映的细节更多，采样间距更小，所获取的结构面信息就更多，解译的成果也将更细致。

(a) 两岸坝肩扫描点云数据俯视图

(b) 右岸坝肩点云影像解译岩脉（亮色线条为岩脉）

图 6.58　两岸坝肩开挖边坡三维扫描影像

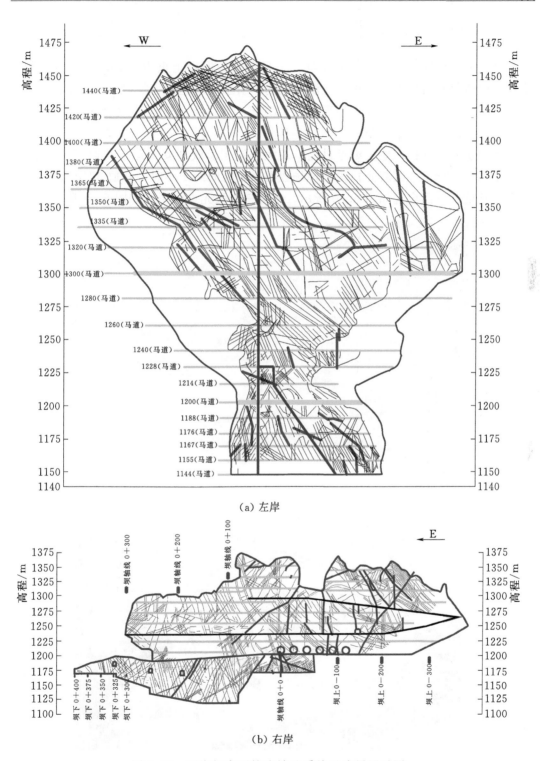

（a）左岸

（b）右岸

图 6.59　两岸坝肩开挖边坡地质编录成果展示图

6.8.2　坝基基坑地质编录

某水电站坝址位于云南省云龙县。工程布置为混凝土重力坝右岸地下厂房枢纽格局，枢纽主要由挡水建筑物、泄洪建筑物、引水发电建筑物等组成。其中拦河大坝为直线型碾压混凝土重力坝，坝顶高程 1310m，坝顶长 356m，最大坝高 105m。

1. 点云数据获取及解译

为加快基坑开挖面地质编录进度，及大坝竣工验收和安全运行获取第一手资料，对电站基坑进行了三维激光扫描，现场数据采集时间约 1 小时，获取 3210324 个点云数据，基坑开挖面全貌如图 6.60 所示，基坑三维激光点云影像如图 6.61 所示。

图 6.60　基坑开挖面全貌

图 6.61　基坑三维激光点云影像

根据三维点云影像数据，针对开挖面所揭露的节理裂隙进行解译提取，提取成果如图6.62和图6.63所示。

图6.62 节理裂隙解译提取

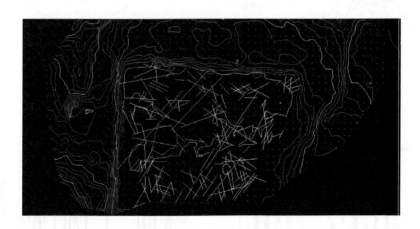

图6.63 点云数据生成局部地形图及叠加裂隙解译成果

2. 节理裂隙统计分析

河床坝基岩体结构面主要以顺层发育为主，规模较大的断层有F25，另外8号～13号坝段F25断层上盘的缓倾上游（NW）及缓倾下游（NE）结构面也较发育，对河床泄洪坝段167条（组）结构面进行统计，统计结果见图6.64和图6.65及表6.10。

表 6.10　　　　　　　　　河床泄洪坝段坝基岩体结构面分组统计结果

组号	产状范围	优势产状	代表结构面
①	NW343°~357°SW∠59°~84°	NW347°SW∠73°	岩层、层间接触带、F25、F16、L133 组、L158 组等
②	NE60°~85°NW∠19°~36°	NE70°NW∠27°	L222 组、L143 组、L145 组、L151 组、L180 组等
③	NW310°~351°NE∠17°~31°	NW326°NE∠25°	L125 组、L126 组、L133 组、L158 组、L175 组等
④	NW270°~290°SW∠26°~49°	NW272°SW∠41°	L150 组、L161 组等

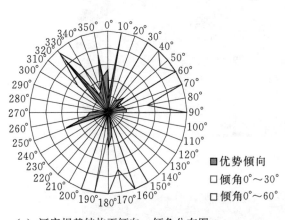

（a）河床坝基结构面倾向、倾角分布图

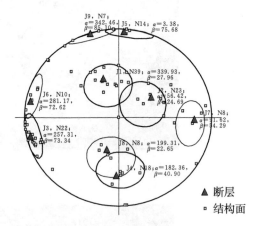

（b）坝基结构面聚类分组统计图

图 6.64　节理裂隙统计分析成果图

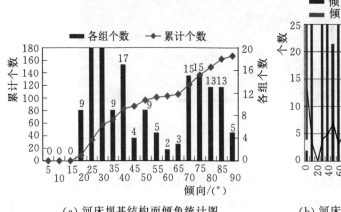

（a）河床坝基结构面倾角统计图

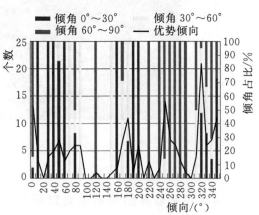

（b）河床坝基结构倾向、倾角分布示意图

图 6.65　坝基岩体结构面分组统计

结构面特征如下：

（1）组顺层结构面，该组结构面在坝基范围内广泛分布，主要表现为层面、层间接触带及顺层发育的断层、裂隙，主要有 F25 断层、F6 断层、L133 组、L158 组等。

（2）组缓倾上游结构面，该组结构面主要为分布于 8 号～13 号坝段的 L180 组裂隙，该组裂隙发育于 F25 断层破碎带上盘的变质砂岩中，属硬性结构面，发育间距一般 50～80cm，延伸 3～5m，且均终止于 F25 断层，在坝基下游未出露；其他结构面如 L222 组、L143 组、L145 组、L151 组等均不发育且延伸较短、连通性差，零星分布于坝基的其他部位。

（3）组缓倾下游结构面，该组结构面主要为分布于 8 号～13 号坝段的 L175 组裂隙，其性状、发育程度、延伸长度现缓倾上游的 L180 组基本相同，也均终止于 F25 断层的上盘，在坝基下游未出露；其他结构面不发育。

（4）组倾上游的中缓倾结构面，该组结构面在坝基范围内总体不发育，其优势倾角为 41°对坝基抗滑稳定没有影响，主要有 L150、L160 组。

另外，在左侧的 13 号坝段揭露出顺河向的 F19 断层，应为前期勘察的 F14 断层，该断层破碎带宽 6～9cm，局部 20～25cm，充填岩块、泥质，未胶结，局部挤压紧密，向下游截止于 F25 断层，在坝基下游未出露。

第 7 章 三维激光扫描地质测绘技术及应用 *

工程地质测绘是地质勘察的重要任务，是工程地质问题分析与评价的基础。在某些情况下用传统的手段完成正常的地质测绘工作，不但耗时、费力，且难以获取高精度数据，同时还可能存在严重的人身安全问题。三维激光扫描技术在地质测绘中应用后，能尽可能保障调查人员的人身安全、提高工作效率、降低作业人员的劳动强度、节约大量人力和财力、弥补特危区传统方法难以获取数据成果精度的不足，是传统地质调查方法非常有益的补充，甚至在某些方面有着传统方法无法比拟的优势，比如在高陡山区危岩体、崩塌、滑坡、泥石流等灾害调查中。利用该技术的优势和特点，结合传统的工作方法，拓宽适用范围，挖掘其潜能，这对提高工作效率和提升地质工程勘察设计质量等，具有重要的推动作用。

下面将采用三维激光扫描技术对危岩体、滑坡、泥石流等进行调查，以及开展物理模拟实验等方面展开论述。

7.1 危岩体调查与应用

危岩体是指高陡斜坡上部被多组结构面切割，在重力及外部因素如地震、降雨等作用下与母岩逐渐分离且稳定性较差的岩体，是较为常见的地质灾害之一。危岩体发育过程具有渐进性、突发性的特点，在山区分布广泛。大多数情况下，危岩块体分布于斜坡高处，且块体随时可能失稳，危岩体调查在传统地质工作中是存在一定困难的，特别是对于那些边坡高陡的情况，由于调查人员难以企及，松散、破碎的高位岩体随时可能崩落、失稳，给调查工作带来人身安全问题，以致传统的测绘方法难以实施或精度较低。

---

* 本章由赵志祥、董秀军、王小兵、冯秋丰、李常虎、王有林、杨贤、唐兴江、张群共同执笔。

　　凭借三维激光扫描技术无接触测量的技术优势，将其应用于高陡边坡的危岩体调查工作中，开展此方面的研究，将有助于提高危岩体调查工作的效率、获取高精度的数据并降低调查人员的安全隐患。危岩体的现场调查是在特定的环境下进行的，对于危岩体三维数据的获取而言，工作场地为施工现场或者野外边坡，在扫描工作前一定要对场地进行详细的踏勘，对现场的地形、交通情况等进行了解，对扫描危岩体目标的范围、规模、地形起伏做到心中有数，然后根据调查情况对扫描的站点进行设计，同时要考虑大地坐标参考点的选取。一般而言，在施工现场对一个边坡进行扫描，由于边坡范围较大、地形凹凸不平等原因，进行一次扫描很难覆盖整个目标，因此一般需要多次不同位置进行扫描，合理布置不同扫描站点位置能够对后期点云数据的拼接精度有一定的提高，同时也能考虑尽可能全面地反映坡表的情况，获取更多的地面信息。

　　三维激光扫描危岩体的主要作业工序为：首先，要选定扫描站点位置及个数；其次，规划扫描范围内的大地坐标标记点；再次，根据实际工作需要进行三维数据参数设定及采集，完成数据现场采集工作并获取标记点的大地坐标值；最后，进行三维数据的处理及成果的提取，在数据的后处理中主要包括多幅点云数据的拼接、大地坐标转换、彩色信息处理、去噪等操作。数据成果的提取应配合现场的地质调查工作进行，在三维数据中对危岩体进行识别。

　　点云数据中危岩体的识别主要包括以下内容。

1. 危岩体的识别与提取

　　危岩体的空间分布位置及边界范围确定，测量其准确的大地坐标或与其他重要构筑物的相对位置关系。图7.1所示为一危岩体三维点云数据，结合现场地质调查工作，划定危岩体边界范围线（图7.2）；根据确定的危岩体范围可在点云数据中轻易获取中心点坐标及危岩体边界点坐标，圈定的边界范围线可直接导入到灾害区的地形图中，这样可准确地定位危岩体的分布位置。同时，也可以通过点云数据准确定位危岩体与威胁对象间的空间位置关系，为危险性评价等提供基础数据。

图7.1　危岩体三维点云数据

图7.2　危岩体边界确定

2. 危岩体几何尺寸量测

危岩体几何尺寸的量测，在后处理软件中对危岩体进行高程、高差、厚度、宽度等量取操作，简单易行且数据非常准确。危岩体几何尺寸量测不仅可以为调查工作提供准确的几何信息，而且对于危岩体方量的估算、稳定性的初步判断、治理方案的设计施工都有重要意义。

在三维点云数据中，每个点都具有真实可靠的三维坐标，对于这些点可以进行多种量测，这些量测包含了距离（水平、垂向、两点间、任意方向）、角度（水平、垂向、任意）、半径及方位角等，可以开展各种量测任务，有时为了研究需要，对于危岩体甚至可以进行垂向剖面和水平平切断面的操作，利用获取的这些二维断面信息进行相关的测量工作。

图 7.3　危岩体几何尺寸的量测

对于危岩体而言，利用几何尺寸可以计算方量体积，也可以采用三维空间形态，结合结构面组合关系，指定危岩体边界，获取更为准确的体积信息，见图 7.3。可以通过结构面组合关系判断危岩体边界信息，通过量测工具调查结构面发育间距，确定或者预判危岩块体的大小。

通过边坡点云数据可以获取危岩运动路径的断面形态，调查崩塌岩块空间分布位置，为其空间运动特征判断提供几何信息的基础数据。

可以为治理工程提供工程量的基础尺寸数据，为选择防治措施、坝址选址等提供辅助依据。

3. 危岩体裂缝调查

危岩体拉裂缝分布空间位置、发育长度、宽度等信息对于判断其稳定性十分重要。一般而言，危岩体后缘拉裂缝为其一控制性边界，对确定危岩边界及规模有重要意义；另外，拉裂缝的宽度、发育长度等对于判断危岩体稳定性至关重要，利用三维激光扫描设备可以快速获取危岩体立面陡崖处的三维点云数据。如图 7.4 所示为危岩体拉裂缝图像，如图 7.5 所示的三维点云数据中可以清晰分辨出危岩体的拉裂缝。

4. 危岩体结构组合特征调查

由于扫描物体性状的差别，危岩体软弱层面（带）的空间发育特征的三维点云数据灰度颜色也有所差别，如图 7.6 所示，因砂泥岩互层的风化差异导致危岩体的形成，所以确定软弱层的空间位置（泥岩层）是危岩体调查的一项重要内容。由三维点云不难看出，由于砂岩的激光发射率高，其在三维点云中更亮，泥岩相对较暗。通过点云数据的灰度显示可以清晰分辨软弱层的空间位置，准确定位危岩控制性因素。

图 7.4 后缘拉裂的孤立危岩

贯通的陡倾裂缝

图 7.5 危岩体的三维点云数据

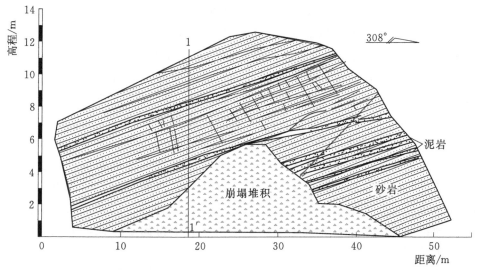

图 7.6 砂、泥岩互层危岩体立面调查

5. 不利结构面产状解译

岩体结构特征是危岩体调查内容之一。岩体结构的空间组合情况、分布特征是判断危岩稳定的一个重要依据。基于三维空间数据获取结构面信息，对其成因模式、失稳方式和其稳定性判断都有重要意义。利用点云数据解译危岩体结构面产状，克服了罗盘测量的"以点代面"的缺陷。以高密度点云数据为基础调查数据源，采用多点拟合平面的方法进行结构面解译，解译状态如图 7.7 所示。因此，点云数据解译产状更能代表结构面的宏观分布特征，更具代表性与准确性。

图 7.7　解译危岩不利结构面产状

值得一提的是，在危岩体调查中缓倾角结构面经常是危岩体的底边界，在实测过程中，其缓倾角结构面的产状经常由于过于平缓而导致测量结构面结果差异较大，而准确获取危岩体缓倾角结构面对于判断危岩体稳定性及其失稳模式意义重大。图 7.8 和图 7.9 为铁路宝成线某危岩体的影像和点云，山体危岩位于四川省广元市青川县竹园镇东曹村境内，清江河谷右岸。危岩所处地貌为一近直立陡崖，危岩崩塌体岩质为白云岩，陡崖具有相互独立的四个危岩崩塌体，崩塌危岩体体积方量较大，每块危岩体方量均达数万立方米。陡崖坡脚距铁路水平距离 250m，陡崖高度约 100m，调查人员难以靠近。其缓倾角结构面控制危岩底边界，由于缓倾结构面人员可到达部位地表露头少，且由于发育平缓，传统罗盘难以准确测量，现场就出现了三家地质单位对此组结构面产状测量结论大相径庭的现象。此种情况下，三维激光扫描技术显示出其技术优势，通过点云数据对结构面解译，快速、准确地获取结构面产状，所测量结果在危岩底部平硐所揭露的基岩中得到了验证，为危岩的定性提供了可靠的依据。

通过现场勘察及三维激光扫描点云数据分析，危岩体内分布有三个缓倾角软弱面，底层分布铝土页岩软弱面，厚度在 1～1.5m。上部分别分布两个薄层状灰岩、泥质灰岩软弱面。基于以上认识建立危岩体地质模型（图 7.10）。

图 7.8 某危岩体现场

图 7.9 危岩缓倾角结构面三维点云数据
（箭头所指为结构面出露特征明显处）

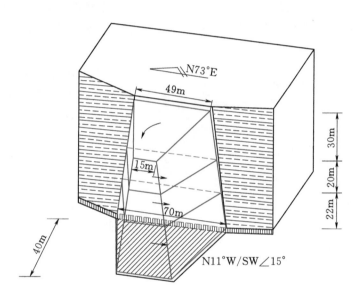

图 7.10 危岩体地质概化模型

通过监测资料分析，上部两层软弱面没有变形位移迹象。最底层软弱面，由于受到地震、降雨的影响，矿洞垮塌，后缘裂缝积水。在水的作用下，危岩体向临空面位移并伴随竖直向的下坐变形，故危岩体的变形方式为倾倒下坐式变形。在计算稳定性时，底层软弱面需要计算两个方向的稳定性：沿运动方向的稳定性计算和沿矿层产状方向的稳定性计算。

6. 危岩体勘察图件生成

危岩体勘察过程中，利用三维激光扫描点云数据可以快速生成调查区域大比例尺地形图，有效剔除地表植被影响，为危岩体后期治理方案提供详尽的地形数据；结合人工现场调查可准确圈定危岩体范围，确定危岩体位置，并投影到地形图中；生成危岩体立面分布图，可以为研究分布规律提供依据；获取任意剖面、断面线，以便验算块体二维稳定性。二维剖面是危岩体计算不可或缺的计算手段。

135

利用获取的三维点云数据获得危岩块体剖面、立面图，不但方便快捷而且精度高，可以如实准确反映危岩体的剖面形态、立面分布位置，同时可获取不利结构面的分布特征。三维点云数据真实反映危岩体地貌形态，克服了负地形难以表达的问题，能准确表达危岩体的微地形或地貌形态。

7. 危岩体调查实例

黄河某电站坝址位于龙羊峡峡谷出口段，河流自 NE45°方向流入，至坝址处呈近 EW 向，河道顺直，平水期河水位高程 2234m 左右。坝址区为高山峡谷地貌，河谷狭窄，岸坡陡峻，两岸地形基本对称，横断面总体呈 V 形。谷底到岸顶的相对高差达 600～800m，河谷岸坡地形复杂，沿高程表现为三个陡缓相间的台阶状，在 2400m 高程以下谷坡陡立，平均坡度 60°～65°；其上至 2500m 高程左右岸坡变缓，平均坡度 40°～45°，为第一级缓坡台阶；再向上至 2650m 高程附近，岸坡再次变陡，到 2700m 高程附近出现了第二级缓坡台阶；第三级台阶出现在 2850m 高程附近，是一个广阔的平台。

图 7.11　某电站坝址右岸高位危岩体（群）

坝址区冲沟发育较多，多沿断层发育，但规模一般不大，主要有石门沟、青草沟、扎卡沟、巧干沟等，在 2400m 高程以上一般沿断层破碎带发育若干小冲沟，大多垂直河床展布，延伸不长，平常无水，植被稀少。这些冲沟的发育不仅使岸坡地形顺河向呈现沟梁相间的折线型，而且破坏了岸坡的完整性，为边坡岩体的变形破坏提供了空间条件。电站两岸坡高坡、基岩裸露，边坡存在大量的危岩体分布，由于危岩体多位于工程建筑物以上岸坡中，需要准确确定并分析其稳定程度，而两岸边坡交通极为不便，给地质工作带来了极大困难，地质调查过程中只能远观，大致确定可能的危岩体，而不能具体量化（右岸危岩体见图 7.11）。

（1）危岩体三维点云数据获取。根据高位危岩体地质调查的需要，2008 年以后多次对各部位存在的危岩体进行了三维扫描及分析，扫描中除进行高精度的块体地形图绘制外，还确认了危岩体边界及解译了结构面产状，室内地质工程师根据扫描确认的信息绘制地质剖面图及平切图提供给设计部门进行准确计算，提出可能的施工处理方案。危岩体现场数据采集时间 3 小时，获取 14055567 个点云数据，其三维点云图像如图 7.12 所示。

（2）危岩体点云数据地质信息解译与提取。以右岸尾水正上方 2460m 高程以上 2 号危岩体为例，2 号危岩体位于坝下约 0＋420m 段，高程约 2490m。水平方向平均长

图 7.12　右岸危岩体点云图（红色圈线是危岩体范围）

约 9m，竖直向长 22m，平均厚约 2.5m，总方量约 500m³。后缘有明显顺坡向卸荷张开拉裂缝，宽度 5～15cm 不等，走向 60°，呈弧形张开，控制性底滑面走向 NE55°，倾 NW，倾角 52°。该危岩体下面，上游侧面观察不明显，下游观察裂隙张开并连续，因此处理重点应在危岩体下游部分，危岩体全貌如图 7.13 所示。

（3）成果分析。根据三维激光扫描的技术特点及危岩体的调查方法，通过危岩三维影像快速获取以下成果：

1）危岩体三维形态的获取为判断其失稳模式提供依据。图 7.14 为 2 号危岩体三维点云下的空间形态，其范围、后缘拉裂缝、围岩体内发育的裂隙都可清晰解译确定其空间数据。由此可见，三维扫描技术凸显其优势所在，在这种绝壁之上，人员抵达量测基本没有可能。

图 7.13　2 号危岩体全貌

2）危岩体的空间分布位置及边界范围确定。大地坐标转换后的点云数据中，每个点都是大地空间坐标，与现场实际空间位置相对应，在点云数据中可对任意位置进行坐标查询与检测。通过现场实际调查及点云数据三维影像，可以准确获取危岩体边界范围，图 7.14 中红线部分为圈定的危岩体范围。

3）危岩体长、宽、高等几何尺寸的测量。在三维点云处理软件中对量取高程、高差、厚度、宽度等操作，简单易行且数据非常准确，如图 7.15 所示，其危岩体的高度为 28.076m，宽度为 12.461m，上游侧距离危岩体中心微凸山脊的距离为 5.914m，这可清晰准确地提供给分析人员空间数据，分别显示危岩体的高度、宽度和厚度，与危岩体传统调查手段相比较，这个工作已由室外转入室内，但得到的数据更为可靠。

图 7.14　2 号危岩体三维点云　　　　图 7.15　2 号危岩体几何尺寸量测

4）不利岩体结构面的产状测量。控制危岩体稳定性的结构面是地质调查的一个重要内容。通过获取危岩体的岩体结构，对其成因模式、失稳方式和其稳定性判断都有重要意义。由于危岩体处于高位，根据三维激光扫描点云数据解译获取裂隙产状分别为 L1：NW312°NE∠78°，L2：NW285°NE∠84°，危岩体内发育的裂面 L3：NE20°NW∠59°。三组结构面相互切割组合，加上临空不利条件形成危岩体。裂隙结构面拟合如图 7.16 所示。

5）危岩体任意剖面线的获取。如图 7.17 所示，利用地形表面三维扫描点云数据生成输出三维地形图，这样的地形图给设计支护方案提供了一个非常有用的数据，也为将来三维设计保证了基础数据的可靠性。

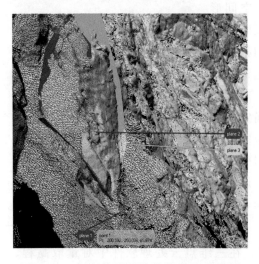
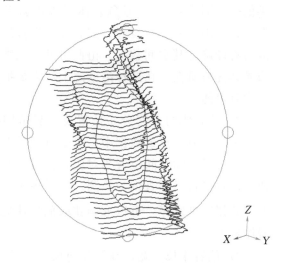

图 7.16　危岩体控制性结构面产状量测　　图 7.17　危岩体三维地形等高线
（红色为 L1，绿色为 L2，蓝色为 L3）

二维剖面是危岩体测绘的重要内容，也是危岩体计算不可或缺的重要基础数据，在三维点云处理软件中可任意切制想要的任何剖面图，也可用于平行断面法计算危岩体的体积方量，断面可以准确表达危岩体的微地形地貌（图7.18）。

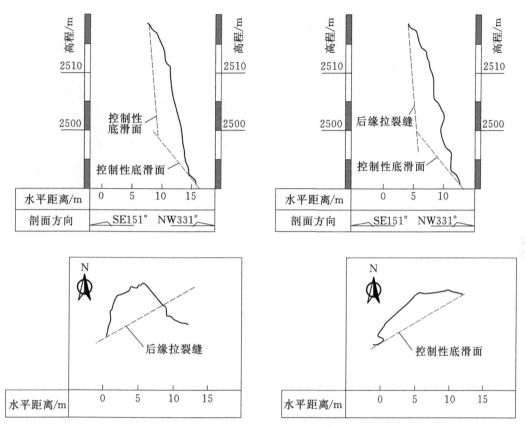

图7.18 危岩体平、剖面图

6）危岩体后期治理方案的数据应用。从上述地质剖面成果分析可知，危岩体厚度一般为3～5m左右，最大厚度约8m，据此在对危岩体加固处理工作中，可以采用深锚杆、锚桩等措施，其锚杆深度8～12m为妥。

7.2　滑坡调查与应用

利用三维激光扫描技术对岩体或土质滑坡进行调查，对于那些临滑危险、边坡陡峭、植被覆盖较少的滑坡而言，也具有明显优势，可根据滑坡调查要素开展三维点云数据的后期信息提取工作。

1. 地形图件的快速生成

在前面章节对地形图件的生成已有详细介绍，这里不再赘述。值得强调的是，对于突发型滑坡事件，利用三维激光扫描技术获取滑坡地形图数据，较传统测量方法更为快捷、效率更高；另外，对于一些特殊条件下的地形图测量，如图7.19所示的地形条件，边坡高陡、前缘临河（江），测量人员难以到达，免棱镜全站仪测程不够，且滑坡正处于急剧变形阶段，局部掉块十分严重。这种情况下，传统方法是存在很大困难的，但三维激光扫描技术获取地形图优势更为明显。

（a）现场地形一　　　　　　　　　　　　　（b）现场地形二

图 7.19　传统测绘手段不易实施的现场地形

2. 滑坡裂缝发育分布特征调查

滑坡在整体失稳破坏之前，一般要经历一个漫长的变形发展演化过程。大量的滑坡实例表明，尽管不同物质组成、不同成因模式和类型、不同变形破坏行为的滑坡，在不同变形阶段都会在滑坡体不同部位产生应力集中，并在相应部位产生与其力学性质对应的裂缝，这些地表裂缝的空间展布、出现顺序会有所差别，但裂缝的发展演化是遵循一定规律的，这就是裂缝发育的分期配套特性。当滑坡进入加速变形阶段后，这些裂缝会逐渐相互贯通，并最终趋于圈闭。在裂缝由无序向有序、由分散向集中的发展演化过程中，随着坡体内部滑动面的逐渐贯通，地表裂缝也会沿滑坡边界逐渐圈闭，体现出斜坡地下与地表变形、深部与浅部变形的协同性。只有当滑动面完全贯通，地表裂缝完全圈闭，滑坡才可能发生。

因此，滑坡裂缝发育特征调查对于判断边坡稳定性意义重大。传统的调查方法是地质人员进入现场实地逐条裂缝进行调查，但其裂缝发育位置除非进行测量，要不然难以准确定位，也很难全面了解。另外，对于裂缝发育的动态特征难以掌握，而且由于地形限制很多时候人员难以到达。对于进入加速变形阶段的滑坡而言，裂缝持续发展，滑坡随时可能失稳解体。采用三维激光扫描技术开展滑坡体裂缝特征调查具有明显优势，图 7.20 为贵州马达岭滑坡地面裂缝的三维激光扫描点云数据，从三维影像数据中不难看出，采用三维空间数据对于滑坡裂缝调查具有有效性和快捷性。

3. 滑坡边界及分区的确定

传统地质调查方法中对滑坡边界的确定，主要是通过大量现场调查，结合收集的地形图件资料，基于地形等值线特征，结合实际地貌情况进行划定，其精度主要取决于地形图件的准确性和比例尺，还与地质人员的专业素质相关。很多情况下，缺乏准确的大比例尺地形图或者存在人为判断误差，导致滑坡边界圈定的不准确。另外，还可以通过手持 GPS 进行路线定位，这需要地质人员绕着滑坡边界实地跑点，

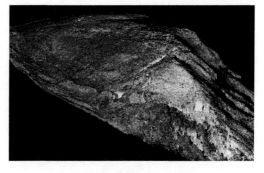

（a）滑坡现场影像　　　　　　　　　　（b）滑坡体激光点云数据

图 7.20　基于三维激光扫描马达岭滑坡裂缝发育调查

存在人员无法到达的情况，并受手持 GPS 定位精度的限制。精度最高的办法是实施工程测量，但这项工作往往只有在进入勘察、治理设计阶段才能开展，并不能普及到众多边坡。由此，利用三维激光扫描技术结合地质调查工作，对滑坡边界、堆积范围等进行确定更为方便、快捷和准确。

图 7.21 为重庆市武隆县滑坡全貌照片。2009 年 6 月重庆市武隆县铁矿乡鸡尾山山体发生大规模崩滑破坏，约 500 万 m³ 山体突然发生整体滑动，在跃下超过 50m 高的前缘陡坎后，获得巨大的动能并迅速解体，产生高速滑动，在越过坡体前缘宽约 200m、深约 50m 的沟谷后冲向对岸。受对岸山体的阻挡，高速运动的滑体物质进而转向沿沟谷向下游运动，在沟道里形成平均厚约 30m，纵向长度约 2200m 的堆积区。

图 7.21　重庆市武隆县鸡尾山滑坡全貌

根据大量现场地质调查工作，利用三维激光扫描数据及航拍正射影像图件，将滑坡分为 5 个区：滑源区（Ⅰ区）、铲刮区（Ⅱ区）、主堆积区（Ⅲ区）、碎屑流堆积区（Ⅳ区）、撒落区（Ⅴ区）。其中，铲刮区又可以细分为Ⅱ-1 区（铲刮区）、Ⅱ-2 区（铲刮堆积区）。利用三维点云数据处理软件，准确圈定滑坡边界及各分区的界限，将数据投影到平面图中，如图 7.22 所示。

4. 滑坡体积测量

获取滑坡三维点云数据后，可根据其空间位置形态对滑坡体或其某个要素的面积及体积进行准确量测，可以由生成的 DEM 量取也可以利用断面法获取，亦或采用三维点云处理软件直接获取面积及体积。

如图 7.23 为四川省绵阳市安县高川乡大光包巨型滑坡前、后的两期三维模型数据，将两数据叠加计算便可得到准确的体积变化。很多情况由于没有滑坡前的三维

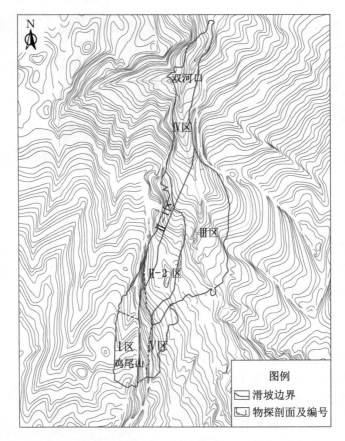

图7.22 基于三维扫描数据滑坡分区

数据，可利用地形图数据来重建三维模型，再和滑坡后的三维数据进行匹配，然后计算获得真实体积。地形图重建虽然精度偏低，但较传统的人为估算精度还是要高很多，经两期数据叠加计算其滑坡方量约为 7.4 亿 m^3（图7.24）。

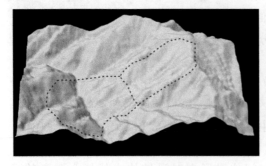

（a）滑坡前的三维影像

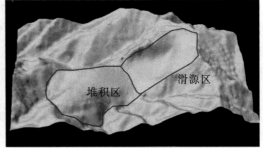

（b）滑坡后的三维影像

图7.23 大光包滑坡失稳前、后三维影像数据

5. 滑坡不利结构面调查

对于滑坡尤其是岩质滑坡和基覆界面的土质滑坡，其边界条件、底滑面甚至失

稳模式都很大程度上受控于岩体的结构面特征。因此，滑坡的不利结构面调查是一项重要内容。利用三维激光扫描点云数据获取滑坡体控制性结构面的产状，既可以克服山高坡陡的地形限制，也大大提高了测量精度与效率。

```
-------------------------------------------------------------
DTM TO DTM VOLUME
              Cut and Fill Volumes
              -------------------
Shrinkage/swell factors:    Cut  1.0000      Fill  1.0000
   Original DTM     # of     Final DTM        # of
   Layer Name      Points    Layer Name       Points
----------------  --------  ----------------  ----------------
     POINTS         35,420      2-2            35,420
   Cut Volume     Cumulative   Fill Volume    Cumulative
    (Cu. m.)      Cut Volume    (Cu. m.)      Fill Volume
----------------  --------  ----------------  ----------------
 206,158,983.50  206,158,983.50  742,383,349.33  742,383,349.33

Net Difference: 536224365.83 Cu. m. BORROW
```

图 7.24　滑坡体积计算（Trimble Terramodel 软件计算结果报告）

2010 年 6 月 14 日 23 时 30 分左右，四川省甘孜藏族自治州康定县捧塔乡金平电站绕坝公路 K3000 段银厂沟河右岸发生双基沟滑坡灾害，体积约 2 万 m³ 的松散堆积层及基岩强风化带内部分灰岩，沿倾坡外结构面发生整体滑动，滑体造成其下方的银厂沟短时断流。同时，滑坡体整体飞跃至沟谷对面人工弃渣堆积体后，向沟谷上、下游抛洒，造成 23 人死亡，7 人受伤。滑坡距坡脚高差约 100m。滑坡体长约 100m，宽约 20m，平均厚度约 10m，估计体积 2.0 万 m³，为一典型的高位小型松散堆积层滑坡（图 7.25）。双基沟滑坡是在不利的地质结构条件下并受公路修建切坡影响，产生的前期持续降雨和坡体表部渗流、坡体内地下潜流是滑坡形成的重要诱因，由此产生了这一山体滑坡事件。

通过现场应急调查及三维激光扫描数据分析（图 7.26～图 7.28），得出双基沟滑坡失稳成因如下：

图 7.25　双基沟滑坡全貌

图 7.26　双基沟滑坡三维激光扫描影像

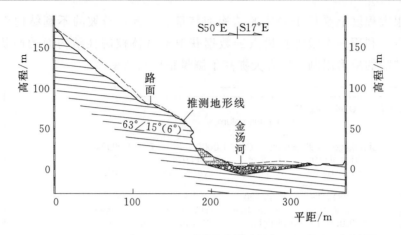

图 7.27 基于激光扫描数据的地质剖面图

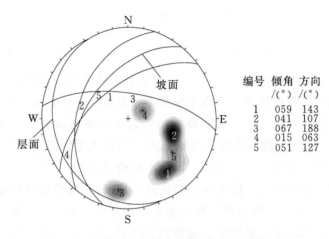

编号	倾角 /(°)	方向 /(°)
1	059	143
2	041	107
3	067	188
4	015	063
5	051	127

图 7.28 基于激光扫描数据的岩体结构调查

（1）坡体基岩面倾向坡外有利于滑坡滑动。滑坡区岩层倾向与坡向基本一致，滑体为松散崩坡积物，覆盖于基岩顺层坡面上，是滑坡形成的重要内在因素。

（2）前期降雨和地表渗流及地下潜流是滑坡形成的重要诱因。据访问，灾害现场近 15 天持续降雨，致使斜坡体松散层饱水。最为关键的是，雨水下渗致使坡体松散堆积层与基岩接触面出现大量涌水，大大降低了基覆界面的岩土力学强度，导致滑坡体整体高位快速下滑。

（3）坡体前缘正在修建的绕坝公路，开挖形成高度为 6～10m 不等的陡坎，对滑坡发生也有一定贡献。

6. 滑坡勘察图件的快速生成

滑坡调查过程当中，滑坡体断面测量一直是测绘工作的重要内容之一，也是稳定性分析的一项重要基本数据，灵活、快捷、准确地获取滑坡纵、横断面形态对滑坡调查而言具有重要意义，利用三维激光扫描技术可以快速获取此信息。如图 7.29 所示，为大渡河沿岸某滑坡全貌，滑坡前缘为公路，滑坡高陡、难以攀爬，利用三维激光扫描技术，现场采集数据如图 7.30 所示，采集时长（包括选点及扫描仪架设）约 2 小时，采样间距约 5cm，根据点云数据快速生成地质剖面、立面图件（图 7.31、图 7.32）。

图 7.29　滑坡体全貌

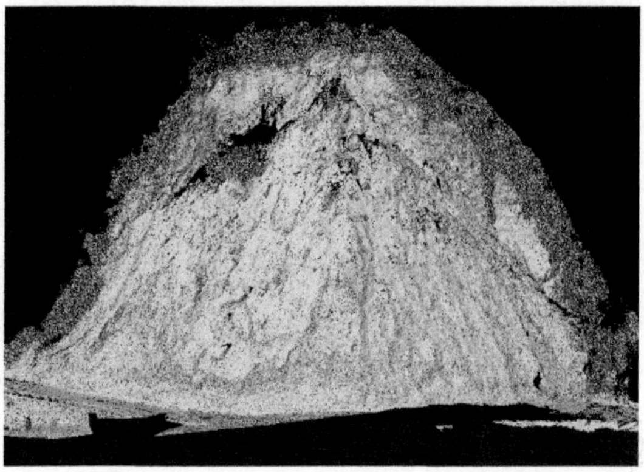

图 7.30　三维点云影像（灰度）

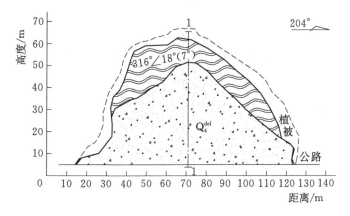

图 7.31　滑坡体立面图

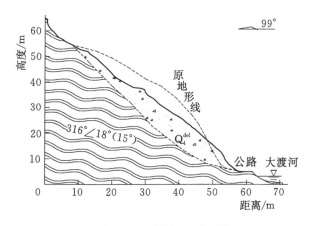

图 7.32　滑坡体剖面图

7. 滑坡体灾害调查实例

2009年8月6日晚，四川省雅安市汉源县顺河乡境内猴子岩（省道306线 K73+000～K73+330m处）突发滑坡灾害（图7.33），巨量的山石瞬间堰塞大渡河并堵塞时间长达4小时，形成回水长约10km的堰塞湖，堰塞湖库容达6000m³。306线省道已完全中断。现场抢险过程中，采用三维激光扫描仪快速获取滑塌体空间数据，利用三维激光扫描技术查明了坡体的几何形态、地质结构、主要控制性结构面、残留危岩体的范围，为救援指挥提供基础数据。

基于激光扫描点云数据及现场调查表明，该河段大渡河流向SEE，地形为典型的峡谷区，谷坡坡度60°左右，谷底宽度约300m，水流湍急。左岸由上震旦统灯影组灰色中层～块状白云岩及灰岩构成，局部夹钙质页岩，为反倾坡，岩层产状为 N75°W，NE∠34°；基岩发育两组优势结构面：①N75°W，SW∠60°，可见长度多在3m以上，波状起伏，间距30～50cm；②N15°～25°E，SE∠60°～70°，延伸长度大于5m，贯通性好（图7.34）；右岸出露的基岩为上震旦统观音岩组紫红色砂岩、页岩夹灰岩及白云岩，地层产状与左岸基本一致，为顺倾坡。

图7.33 猴子岩崩滑体全貌

图7.34 基于三维点云数据的结构面产状快速测量

发生崩滑的部位为一个三面临空的山嘴，上下游均有支沟切割，岩层倾向坡内，但由于大渡河的强烈切割，高陡岸坡表层强烈卸荷，卸荷作用使倾坡外的长大结构面松弛，这种松弛作用具有累进性发展的特点，因此倾坡外的长大结构面为崩滑的控制性结构面。外界的诱发因素有：

（1）崩滑区位于汶川"5·12"大地震汉源异常带的长轴方向上，地形放大效应使岸坡稳定性进一步恶化。

（2）工程削坡。

（3）7月30日和31日，汉源地区暴雨，降水量达到88.4mm，接下来几天，一直在降小雨，降水量在14mm左右，对谷坡的失稳有一定的贡献。

上述因素促使猴子岩岸坡表层岩体稳定性逐渐降低，最终于8月6日23时30分月盈时（固体潮引力最大），公路以上近100万 m³的高位坡体突然失稳，崩滑坠落，瞬间高速冲入大渡河,并在对岸爬高 30~40m,形成横河长约 290m、高约 30m、上下游宽近 400m 的堰塞坝(坝顶宽度约 100m)。崩滑过程中,强大的冲击力掀起巨大水浪和气浪,将对岸(右岸)数百米长、约 90m 高范围内的表土和植被毁坏。堰塞坝主要由解体的灰岩及白云岩巨大块石、碎石及破碎砂土组成(图 7.35、图 7.36),8 月 6 日凌晨河水漫过坝顶后,形成宽约 120m 的泄流口。从堰塞坝的结构判断,泄流后的坝体总体是稳定的,产生突发性溃决的可能性较小。崩滑后,崩塌区残留一个面积约 5 万 m² 的光面,该面清晰揭示崩塌体受陡倾坡外的长大结构面控制。该面呈波状起伏,延伸长大,贯通性好,倾角陡(倾角 60°~70°),与坡面基本一致。崩塌后的坡体整体是稳定的,但在垮塌区的坡面沿口处存在拉裂缝和潜在不稳定危岩体,对下方公路的抢通施工造成极大的安全隐患。

图 7.35 堰塞坝调查

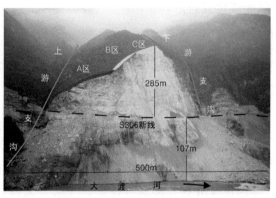

图 7.36 崩滑区调查

现场调查及三维激光扫描的结果表明,危岩体主要位于上游侧,共有 3 块(图 7.37)。

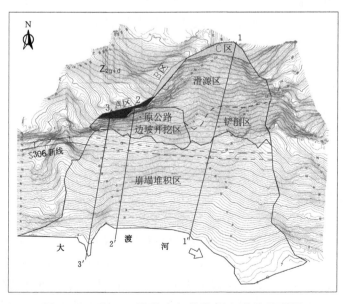

图 7.37 基于三维激光扫描数据生成的地形图

A 区：位于崩塌区上游侧边界，为一个凸出的长条状"倒悬体"，形似一个"耳朵"，挂在崩塌区的上游侧边界，该区长 100 余 m，平均宽度和深度约 10m，体积约 1 万 m³；地表可见发育 2～3 条纵向断续贯通的张裂缝，缝宽 4cm，考察过程中，时有块石从该部位坠落，稳定性最差。

B 区：位于崩塌区上游边界的中上部，为崩塌体边界上的强风化、强卸荷带，厚度 3～4m；岩体由于卸荷风化而呈松弛架空状态，稳定性较差。

C 区：崩塌区顶部的三角区，岩体亦发生松弛破碎，具有较大的潜在风险。

3 个潜在不稳定区中，A 区稳定性最差，需要尽快解除隐患，其次是 C 区和 B 区。

为此，利用纵向拉裂缝引孔装炸药清爆 A 区，于 8 月 8 日晚 19 时 10 分实施清爆，并取得成功，消除了最大隐患；然后采取分步爆破的方式，将 C 区和 B 区陡坎削成缓坡或台阶状。

7.3　泥石流调查与应用

1. 泥石流灾害调查方法

泥石流是指介于水流和土石滑动之间的饱含大量泥沙与石块的洪流。对其进行的地质调查称泥石流调查。泥石流的调查内容主要包括有：①泥石流沟流域调查，包括流域形态特征、流域面积，流域地形地貌、地质构造、地层岩性、松散固体物质（含固体废弃物）形成与特征、气象水文特征，确定泥石流形成区、流通区和堆积区及其范围；②泥石流活动情况调查，包括泥石流的形成条件及其类型，形成区洪水汇流量和补给泥石流的固体物质类型及数量，流通区的沟谷类型、坡度及其对泥石流运移的控制作用，堆积区的地形地貌、堆积形态与规模、堆积物期次及物质组成、堆积体稳定状况，泥石流目前所处发展阶段与发展趋势；③泥石流危害程度调查和泥石流防治工程及其效果的调查。

大多数情况下，由于泥石流沟沟道狭窄，处于地形低矮的位置，采用地面型三维激光扫描仪获取整个泥石流区域的三维空间数据是十分困难的，主要是针对泥石流调查的某些局部地区，比如，滑源区物源（包括区内不稳定斜坡、堆积体），流通区的弯道部位、沟口的堆积区或者拦挡坝的库容范围等（图 7.38、图 7.39）。可以通过这些数据分析物源区边坡的稳定性，流通区断面尺寸、沟谷弯曲形态的超高计算、堆积区分布特征、大颗粒粒径尺寸测量、拦挡坝库容计算，可以为泥石流勘察、设计提供基础数据及断面等图件。

2. 泥石流调查应用实例

2013 年 7 月 8 日起四川省绵竹地区连续暴雨，汉清路路基多处被冲毁，数条沟道泥石流爆发使得清平再次成为孤岛，文家沟上游段和下游段都有一定程度的泥石流物质冲入拦挡工程中，尤其上游段的泥石流淤满拦挡工程，冲出泥石流规模大。

由于进清平乡的公路被冲毁，工作人员 8 月 16 日才进入文家沟泥石流现场开展

图 7.38 泥石流堆积体粒径调查

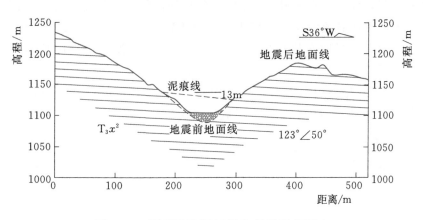

图 7.39 泥石流流通区泥位弯道超高调查

调查工作。采用三维激光扫描技术对泥石流堆积物质进行了三维影像的获取，并与 2012 年 8 月 24 日的三维影像进行对比分析，从而得到此次泥石流的堆积变化特征，准确地获取了泥石流冲出方量。

根据现场调查文家沟泥石流爆发物源主要来自支沟。其中，3 号梳齿坝内拦截的物源主要来自一号支沟，4 号、5 号谷坊坝内的泥石流堆积主要来自四号、五号支沟冲出来的碎屑物质，泥石流堆积分布如图 7.40 所示。

下面以 3 号坝泥石流堆积特征分析为例，说明三维激光扫描技术在泥石流灾害调查中的应用。

（1）堆积范围确定。3 号坝入库的堆积物质主要来源于文家沟一号支沟。一号支沟为上游导水隧道排水出口通道，由于上游大量洪水从一号支沟涌出，导致支沟内堆积的碎屑物质被冲出并大部分堆积在 3 号梳齿坝内，少部分物质经 3 号梳齿坝进入 2 号坝内。文家沟主沟中段（3 号坝上游主沟）进行了固底的治理措施，上游来水大

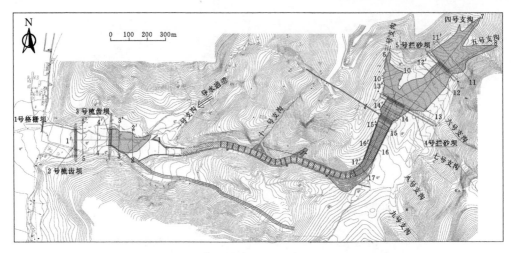

图 7.40 四川省绵竹市清平乡文家沟 2013 年 7 月暴发泥石流堆积分布平面图

部分被截断导流，而且设有 4 号、5 号两道谷坊坝，并在 4 号坝下游设有沉砂池和取水格栅坝，但此次泥石流发生规模巨大，来势凶猛，不仅淤满了两道谷坊坝，而且堆积填满了沉砂池并越过取水格栅坝进入排导槽，上游的泥石流物质基本停留在排导槽内，很少物质进入 3 号坝内。图 7.41、图 7.42 分别为 2012 年 8 月 24 日、2013 年 8 月拍摄的 2 号、3 号坝内泥石流堆积情况，图 7.43～图 7.46 为不同时期泥石流暴发堆积采用三维激光扫描仪采集的点云数据情况。

图 7.41 2012 年暴发泥石流后 2 号、3 号梳齿坝泥石流堆积情况（摄于 2012 年 8 月）

图 7.42 2013 年暴发泥石流后 2 号、3 号梳齿坝泥石流堆积情况（摄于 2013 年 8 月）

图 7.43　2012 年 8 月 24 日 2 号梳齿坝三维激光扫描点云影像数据

图 7.44　2013 年 8 月 16 日 2 号梳齿坝三维激光扫描点云影像数据

图 7.45　2012 年 8 月 24 日 3 号梳齿坝三维激光扫描点云影像数据

图 7.46　2013 年 8 月 16 日 3 号梳齿坝三维激光扫描点云影像数据

　　通过现场实地调查及两期三维激光扫描点云数据分析，2 号坝内物质主要以水流冲蚀携带到下游为主，不是 2013 年泥石流堆积的主要范围。3 号坝堆积迹象明显，通过对比圈定泥石流堆积分布范围示意图如图 7.47 所示。

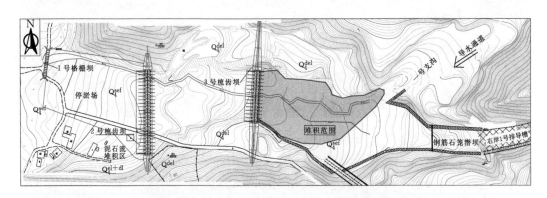

图 7.47　文家沟 3 号梳齿坝 2013 年 7 月泥石流堆积分布范围示意图

　　对于堆积范围的确定，主要依赖于前后两期泥石流堆积地形的变化，并结合现场实地调查的情况进行圈定。依据泥石流发生前后的两期扫描三维点云数据，通过对三维点云数据同一位置剖面进行对比分析，从而得到剖面位置泥石流堆积特征。

　　（2）典型纵横剖面及堆积等厚度图。为便于分析泥石流堆积特征，结合两期三维激光扫描数据选择典型位置，切取纵横地质剖面，并将 2012 年 8 月泥石流堆积地形线与 2013 年 7 月泥石流堆积地形线进行叠加，从而清晰反映此处泥石流的堆积情况。另外，为甄别 2 号坝内物质主要为水流冲蚀携带而非堆积为主，也进行了剖面的切取。其典型纵横剖面共设 5 条，分布见图 7.48，各剖面见图 7.49～图 7.53。

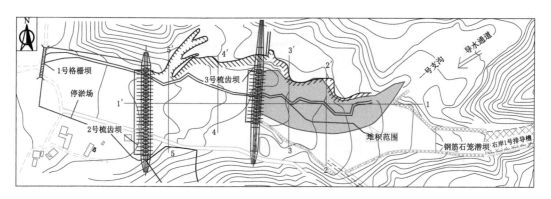

图 7.48 泥石流剖面分布图

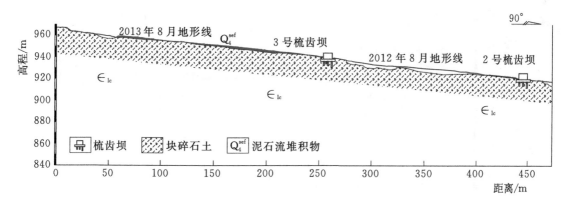

图 7.49 1—1′纵剖面

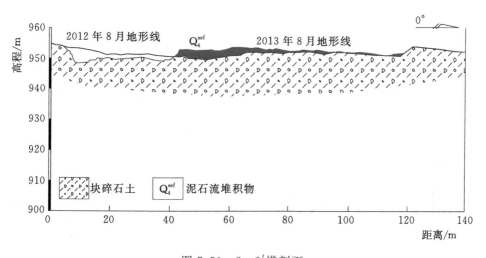

图 7.50 2—2′横剖面

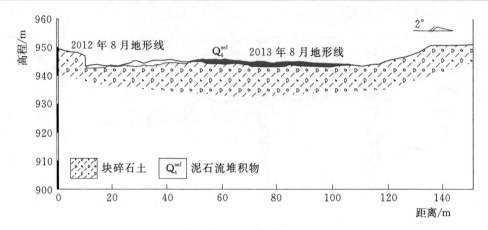

图 7.51　3—3′横剖面

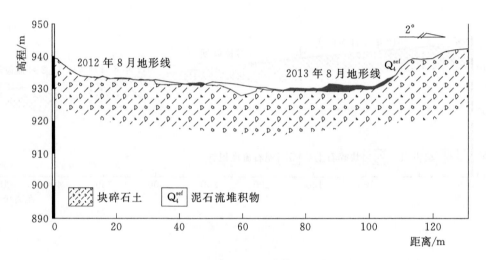

图 7.52　4—4′横剖面

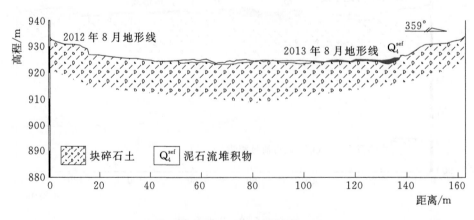

图 7.53　5—5′横剖面

　　由剖面 1—1′、2—2′、3—3′可以得出 3 号坝内泥石流堆积长约 220m，宽度近 110m，呈舌状，最大厚度为 2.6m，主要堆积于河道右侧，堆积物质左侧少部分被后期水流冲蚀而带走。从剖面 1—1′、4—4′、5—5′可以清晰地看出 2012 年 2 号坝内的总体物质地面线未明显增高，主要表现为坝后水流冲刷掏蚀而成深坑，坝内物质表面也有多条絮状水流冲刷而成的通道，从而可以判定 2013 年 7 月冲沟内爆发的泥石流堆积范围主要集中在 3 号坝内。

　　为更进一步清晰表达泥石流堆积的特征，将 2012 年和 2013 年两期地面三维激光扫描点云数据进行处理。将两期数据进行叠加计算，从而得到堆积区范围内的泥石流厚度分布特征图（图 7.54）。

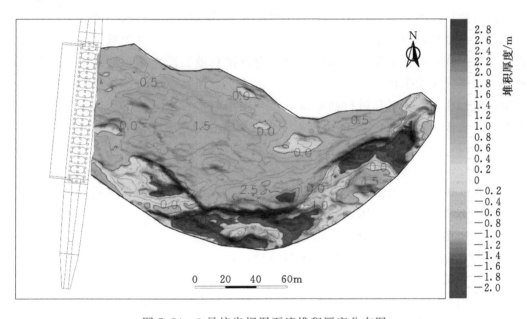

图 7.54　3 号梳齿坝泥石流堆积厚度分布图

　　（3）泥石流堆积方量计算。对于泥石流固体物质冲出体积计算，主要利用两期三维激光扫描点云数据进行计算分析而获得。将堆积区范围内点云数据进行抽稀拟合生成"三角面片模型"，然后指定一高程计算拟合后的地面到指定高程间的体积，由于两次计算的范围一致，指定的计算基底高度一致，由此获得的两个体积相减即为此次泥石流堆积的体积（图 7.55）。计算以高程 0 为计算基底，2012 年地表数据测量体积为 1316219m³，2013 年地表数据

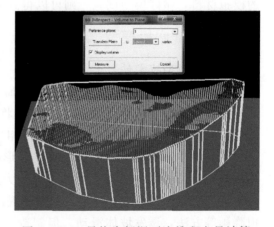

图 7.55　3 号梳齿坝泥石流堆积方量计算

测量体积为 1323583m³，两者之差为 7364m³，即为 2013 年 7 月 3 号坝内堆积的泥石流物质方量；如果考虑到河床左侧被后期冲刷带走的固体物质，通过上面切取的断面估算约 1500m³，因此泥石流冲出量约 9000m³。

7.4 物理模拟试验量测应用

物理模拟试验方法在物理、力学和其他工程学科中应用十分广泛。物理模拟是一种以模型与原型之间物理过程相似为基础的模拟研究方法，是将所研究的对象根据相似理论的原则按比例制成物体或系统，再对系统进行研究的过程。物理模拟是在通过对地质原型调查分析的基础上，对所研究的地质体进行抽象概括，基于相似理论原则，根据相似判据选择相似材料并制作物理模型，通过加载、开挖等手段获得试验数据成果，将试验结果利用相似理论反推到地质原型中，从而揭示物理过程机制、预测灾害发生趋势、指导工程施工设计。物理模拟试验过程其实是根据原型特征，依据相似条件对其进行抽象概括，采用相似材料按照一定比例尺对原型进行缩小（或者放大），按照一定的力学条件进行加载，通过接触式和非接触式的各类试验测量手段，获取模型的位移、应变、应力、破坏过程及形式等试验数据，再使用相似原理将获取的试验数据反推导原型当中去的过程。那么对于物理模型的三维形态、位移变化、破坏过程及最终破坏形态都可以采用三维激光扫描技术进行测量，这些技术在物理模型试验中使用，不仅无需对模型表面进行任何处理，而且无接触测量、精度高、速度快，目前逐渐被越来越多的使用和重视。

随着计算机数值模拟方法的出现与发展，相比之下数值模拟计算的结果更加精确，但其准确性要求需了解岩体的本构关系，本构关系中又需要确定本构参数，而本构参数的确定并非是容易的事情。同时，对于复杂的三维地质体问题数值模拟也还面临很多的困难。而在物理模拟试验中，如果能合理确定相似律参数，选择相应的模拟材料，做好模型试验，则可以得到较为可靠的模拟结果。

7.4.1 在离心机模型试验中的应用

离心机模型技术是岩土工程领域中一项新兴的并逐渐成熟的物理模拟技术，用来模拟原型的应力应变状态，相比原型研究和数值模拟有其独特的优势。离心模型试验是通过离心加速度场模拟重力场，将模型缩小损失的应力采用超载弥补回来，从而实现地质原型与物理模型应力条件相当。

原型的实地研究是一种获得斜坡变形破坏最基本、最真实的方法，但对原型的观测需耗费较长的时间和大量的人力物力，同时也不能观察到斜坡变形破坏的全过程。为了研究滑坡的破坏过程，有学者提出采用制造滑坡的方法，通过坡脚开挖、模拟降雨等方法，诱发坡体滑动。但制造一个较大型的真实滑坡，存在较大社会问题和经济问题，还有可能带来不必要的次生灾害。所以，相比原型试验，离心机模型试验的优势就自然而然地体现出来。首先，离心机模型试验是一个全过程试验，能够记录斜坡从初始变形阶段到最终破坏阶段的全过程。同时，能够达到模拟原型的应力状态和变形破坏机制的目的。其次，离心机模型试验可以多次重复进行，通过改变边坡的工程地质性质来研究滑坡发生的原因。

物理相似模拟试验中用于变形位移规律的常用量测方法有直接量测法和非接触量测法。在非接触量测方法中主要包括全站仪量测法、三维激光扫描量测法和数字近景摄影测量法等。

图 7.56 所示为一滑坡离心机物理模型。此试验目的是研究均质土体斜坡变形破坏过程，观测坡表裂缝发育分布特征。模型试验材料选用 600 目的超细黏土为模拟材料，模型制作采用分层夯实的方法，黏土材料含水率控制在 18%，夯实密度为 2.0g/cm³，黏土材料内摩擦角为 10.1°，内聚力为 15.7kPa。模型表面位移采用 PIV 测量系统、在模型外部垂向和水平向各安装高清摄像头一个、模型内部安装土压力计 10 个。

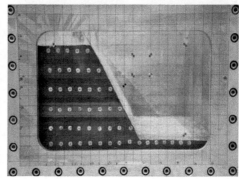

图 7.56　制作完成的物理模型

通过数值计算，模型变形破坏加速度值约为 100g，因此在离心加速度加到 100g 附近时缩小加载幅度，以便观察到起始破坏点。其加载过程如下：①离心加速度从 0g 迅速增加至 80g，保持运转 10min，保证模型完成沉降；②在 80g～100g 之间以 10g 为一级进行加载，每级持续时间约 5min；③当加速度达到 100g 未完全失稳，离心加速度仍以 10g 为一级加载，每级持续时间约 5min，当加速度约 117g 时坡体出现明显滑动变形；继续加载至 150g，坡体保持稳定未继续滑动，将离心加速度减速至静止。

模型试验中斜坡拉裂持续变形，最终失稳破坏，裂缝发育明显。通过对坡表拉裂缝的发育过程和特征分析，发现该模型滑动时体现出多级滑动的特征，裂缝在滑面后侧表层土体密集发育，主要倾向坡内，这在一定程度上反映了滑面的形成过程。高清摄像机拍摄的影像也表明，坡表裂缝最先在拉张作用下发育，随着拉张力的增大，裂缝向坡体内部扩展，倾角增大。为了达到准确测量斜坡表部裂缝的发育特征，采用三维激光扫描测量的方法获取试验后的模型三维点云数据，三维彩色点云如图 7.57 所示。基于获取的三维空间数据，细致提取裂缝空间位置，从而形成斜坡拉裂缝三维分布图（图 7.58）和二维俯视、侧视图（图 7.59）。

图 7.57 物理模型三维彩色点云数据

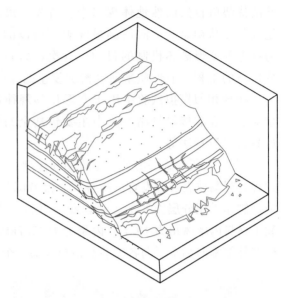

图 7.58 离心机模型表部拉裂缝空间分布图

（a）俯视图

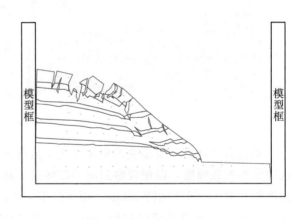

（b）侧视图

图 7.59 离心机模型表部拉裂缝俯视图和侧视图

7.4.2 冲刷模型试验中的应用

"5·12"汶川地震之后，地震灾区次生灾害发育，尤其以泥石流灾害更为严重。强烈的震动导致地震山区坡表岩体震裂松动，大量的碎屑物质堆积于沟道等地，泥石流的启动条件完全不同于震前。2008 年以后四川地震灾区发生了数次历史罕见的大型泥石流灾害，如 2010 年四川省绵竹市清平乡泥石流灾害等。地震灾区泥石流呈现出突发性、群发性、高破坏性及灾害链效应等新的特征。开展震后岩体松散堆积物泥石流启动条件、机理的研究成为地质工作者的一个重要研究内容。研究方法主要有现场调查、现场试验、室内试验、数值模拟等内容。由于室内试验方便、快捷、因素可控，成为泥石流研究的一个重要方法。为此，采用室内水槽装置进行松散堆积体泥石流启动过程的室内物理模拟试验。

汶川地震后大量的松散物质堆积于沟道，降雨激发下，容易转化泥石流造成灾害。震后泥石流特点与震前有着显著的不同，加之，泥石流成因机理复杂、人们的相关认识仍显不足，都为震后泥石流灾害治理工作带来严峻的挑战。因此，对震后泥石流的研究刻不容缓。关于泥石流灾害研究的方法主要有野外调查、野外试验、室内试验、数值模拟等。室内试验由于其灵活性、操作便捷、因素可调控等优势而成为研究泥石流的重要手段。

室内水槽冲水松散体转化泥石流启动过程模拟试验是较为常用的方法，以此探究泥石流启动机理。

1. 试验设备

水槽试验系统如图 7.60 所示。具体试验设备包括以下方面。

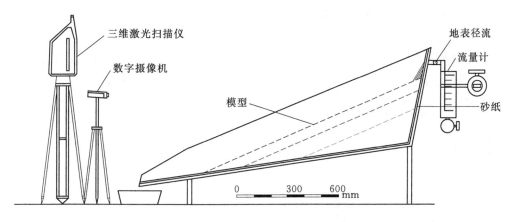

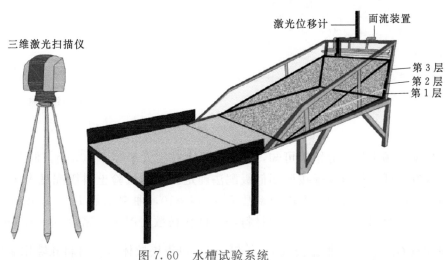

图 7.60 水槽试验系统

（1）试验水槽。水槽边长 1.4m，宽 1m，后缘高 0.7m。水槽底板和边侧由有机玻璃组成，并用角钢固定。水槽后缘设有集中水出口，用以模拟地表径流。水槽前端端口收缩，主要是便于盆子接取冲泄而出的土料。水槽边侧和底板都粘贴砂纸，以增大底槽和边侧的摩阻力。

（2）Leica ScanStation2 三维激光扫描仪。利用激光测距原理，对整个试验模型进行扫描，由此可获得试验模型表面密集的三维坐标点。

（3）含水率监测系统。量程可以由 0 到饱和，测量精度为±2%。

（4）玻璃转子流量计。主要由锥形玻璃管及可以上下自由浮动的浮子组成。其中，锥形玻璃管端口面积较小的一端朝下，端口面积较大的一端朝上。流量计通水时，在上下压力差的作用下，浮子可以在玻璃管中自由上升。当浮子所受的合力为零时，浮子将处于平衡位置。此时，浮子上升的高度与锥形管中水流流通的面积有一一对应的关系。所以，可以根据浮子的高度读出此时水流的流量。

（5）振动筛设备。利用振动筛设备，对干土料进行过筛颗分。筛子的孔径包括 0.25mm、0.5mm、1mm、2mm、5mm、10mm。

（6）量程为 100kg 的电子秤。

2. 试验材料

试验材料选用四川省绵竹市文家沟泥石流沟现场松散物质作为试验的材料（图 7.61）。通过室内颗分试验，获取现场土料的平均颗粒级配（见表 7.1）。

（a）现场材料

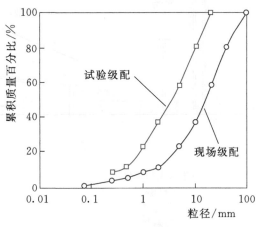

（b）颗粒级配曲线

图 7.61 现场材料及级配曲线

根据现场土料筛分结果可知，土料的最大粒径大于等于 40mm。但由于试验水槽尺寸限制，试验材料级配按照相似级配法确定。具体试验土料级配见表 7.2。试验材料最大粒径定为 20mm，不均匀系数 $K_u=13>10$，曲率系数 $K_c=1.08(1<K_c<3)$，选取的试验材料级配较好。试验材料经测试在松散情况下干密度 $\rho_d=1.89\text{g/cm}^3$，土颗粒比重 $G_s=2.72$。根据公式 $e=\dfrac{G_s\rho_w}{\rho_d}-1$，可得松散体试验材料孔隙比 e 为 0.44。

表 7.1　　　　　　　　　文家沟泥石流沟现场土样筛分结果

粒组/mm	≥40	20~40	10~20	5~10	2~5	1~2	0.5~1	0.25~0.5	0.074~0.25	<0.074
累计质量百分比/%	100	80.32	58.53	37.63	23.12	11.65	8.83	5.53	3.88	1.02

表 7.2　　　　　　　　　文家沟泥石流沟试样土样筛分结果

粒组/mm	10~20	5~10	2~5	1~2	0.5~1	0.25~0.5	<0.25
累计质量百分比/%	100	80.32	58.53	37.63	23.13	11.66	8.83

3. 试验过程

试验前，按试验级配配制 500kg 土料，并调整好水槽的坡度。为了控制试验土料的密实度，铺料时采用分层摊铺方法。模型堆积过程，共分三层平均摊铺。其中，含水率传感器安设在一、二层合适的位置。模型堆积后，利用地质罗盘读取模型表面的坡度，并采用三维激光扫描仪进行首次扫描。试验时，采用集中冲水方式对模型冲刷，试验的流量用流量计控制。同时，每隔 20s 用盆子接取水流冲刷出来的土样。整个试验过程利用摄像机全程记录。同时，利用三维激光扫描仪对模型分阶段扫描。另外，需要记录数据采集仪的开始时间和结束时间。试验结束，关闭试验流量，并拷贝采集仪数据及保存试验视频。之后，烘干盆中湿土样，称出每个盆子的干土样重。通过上述方法，每次试验结束后可获得的数据有试验录像、每个水盆的干土重、传感器（含水率）数据、三维激光扫描数据。通过对数据处理，可以获得每次试验的侵蚀曲线、累积侵蚀曲线，沟道的 Surfer 模型、沟道变形曲线、土体内部特征值变化曲线。

模型制作完成后用三维激光扫描设备对模型表面进行一次数据获取。试验采用集中冲刷方式对模型体进行冲刷，对水流量进行控制和测量，中间过程分段进行模型的三维空间数据进行获取，全过程采用高清摄像机录像。分段采集的三维点云影像数据见图 7.62。

图 7.62　松散堆积物水槽试验不同阶段的三维点云影像数据

利用获取的不同阶段松散堆积体模型三维影像数据进行叠加，在模型不同位置进行剖面切取，获得断面图（图 7.63、图 7.64），为松散堆积物在冲水条件下转化为泥石流，研究启动条件、水流冲刷侵蚀等试验内容提供了数据支撑。

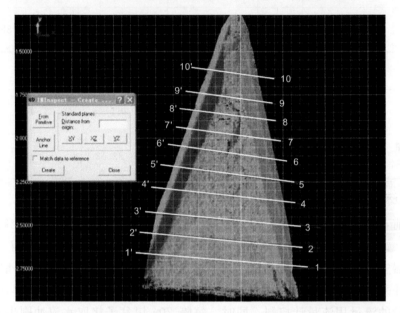

图 7.63　多阶段三维数据叠加并切取不同位置的剖面

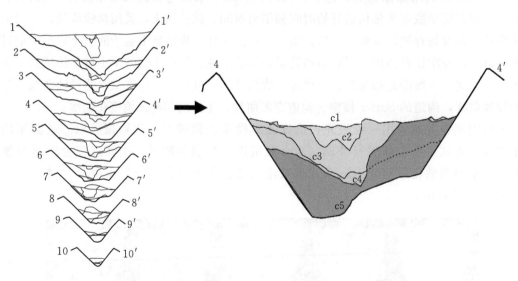

图 7.64　冲刷模型体不同位置处多阶段形态断面图

4. 重复性试验

为了验证该试验系统的可靠性，在确保所有条件一致的情况下，累计进行 3 次重复性试验。试验方案选用坡度 $\theta=32°$，流量 $Q=44\mathrm{m}^3/\mathrm{s}$。试验的侵蚀曲线和累计侵蚀曲线对比见图 7.65 和图 7.66。

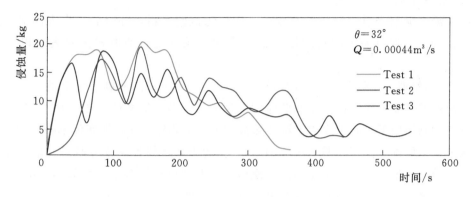

图 7.65　侵蚀量曲线

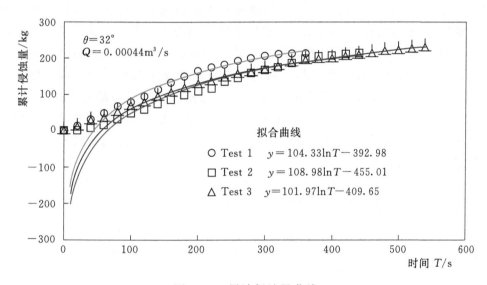

图 7.66　累计侵蚀量曲线

通过侵蚀曲线对比可知，在相同的条件下，泥石流的发生过程仍不尽相同。第一次试验（绿色曲线）初期的平均侵蚀量较大，但泥石流结束较早。第二次试验（红色曲线）启动时间相比于另两次试验较长。第三次试验（蓝色曲线）获得的侵蚀曲线波动较大，试验过程中阵发性泥石流过程较为明显。造成三次试验差异主要是因为泥石流发生过程涉及多种因素的综合作用。另外，试验误差同样可以影响试验的结果。通过分析可知，三次试验获得的侵蚀速率 K 分别为 104.33、108.98、101.97，此结果表明，试验在设定相同条件下，水流对模型材料的侵蚀速率大致相等。

通过上述分析表明：相同条件下，试验泥石流的过程表现不一样。但是，水流对土料的侵蚀速率大致相等，符合试验的实际情况。由此说明，在该系统装置下，泥石流试验结果仍具有一定的可靠性。

5. 泥石流启动过程的物理模拟

（1）泥石流启动过程分析。试验以干土作为试验材料，并以后缘集中冲水方式对模型进行冲刷。通过大量的物理模拟试验发现，泥石流启动方式主要表现以下两种模式：

1）端前堵溃。试验开始，模型后缘表面将在集中水流的冲刷作用下被拉切出一道沟槽。而被携带而下的土料将在模型前端堆积形成小型的堰塞体［图 7.67（b）］。在水流的持续冲刷作用下，后缘沟道土料持续被掏蚀，由此导致前缘堰塞体不断增大，堰塞体后缘壅水水位逐步提高［图 7.67（c）］。一旦超出堰塞体稳定临界状态，堰塞体将迅速溃决，随后大量的土料随水流倾泻出模型槽，形成首轮泥石流［图 7.67（d）］。堰塞体溃决后，整个试验模型表面被拉切出一道通畅沟槽［图 7.67（e）］。

2）阵发式堵溃。首轮泥石流后，在水流的冲蚀作用下，沟道发生多起堵溃现象，引发阵发性泥石流过程。此时泥石流侵蚀过程主要表现为"侵蚀—边侧滑塌—沟道堵塞—溃决"。水流的初期冲刷作用主要以下蚀作用为主，为此，试验模型沟道被下切变深［图 7.67（f）］。下切过程，沟道边侧斜坡坡脚被不断冲蚀，另外，斜坡的临空面增大，致使边侧土体失稳滑塌，新的土料重新填充于沟道，造成沟道堵塞［图 7.67（g）、（h）］。沟道堵塞引发堰塞体后缘局部壅水。随后局部壅水位逐步提高，最终引发堰塞体溃决，由此形成新一轮的泥石流。溃决后，沟道将再次恢复通畅［图 7.67（i）］。当沟道揭底后，水流作用开始变为以侧蚀为主，在侧蚀过程中引发边侧土体滑塌，重新造成沟道堵塞。

（2）沟道侵蚀分析。泥石流过程中，水流对沟道的侵蚀作用相当复杂。为了较好地描述沟道的侵蚀情况，试验过程利用三维激光扫描仪对模型表面分阶段进行扫描。以坡度 $\theta=29°$、流量 $Q=0.00033\text{m}^3/\text{s}$ 试验为例。整个试验过程中累计对模型进行 11 次扫描。通过对三维激光扫描的云点数据处理，可以获得以下结果：

1）三维模型和模型曲线形式。

利用 Surfer 软件对三维激光扫描的云点数据进行处理，可以建立相应的三维模型。各阶段的三维模型如图 7.68（左）所示。

利用 Polyworks 软件对三维激光扫描的云点数据处理，可以绘制出不同阶段的模型断面图。再将 11 组模型表面全部叠加，利用软件的等间距切取剖面对模型 14 等分，由此可以获取模型的表面曲线形式［图 7.68（右）所示］。

试验过程描述如下。

阶段 1：试验开始后，水流的冲刷作用致使模型后缘表面拉切出沟槽，冲刷下来的土料在模型前缘堆积形成堰塞体［图 7.68（b）］。

阶段 2：堰塞体溃决形成畅通沟道［图 7.68（c）］。随后，水流以下蚀作用为主，导致沟道加深［图 7.68（d）］。

阶段 3：水流的下切作用，致使模型边侧失稳滑塌［图 7.68（e）］。随后，水流冲刷滑塌而下的土料，致使沟道中部堵塞［图 7.68（f）］。

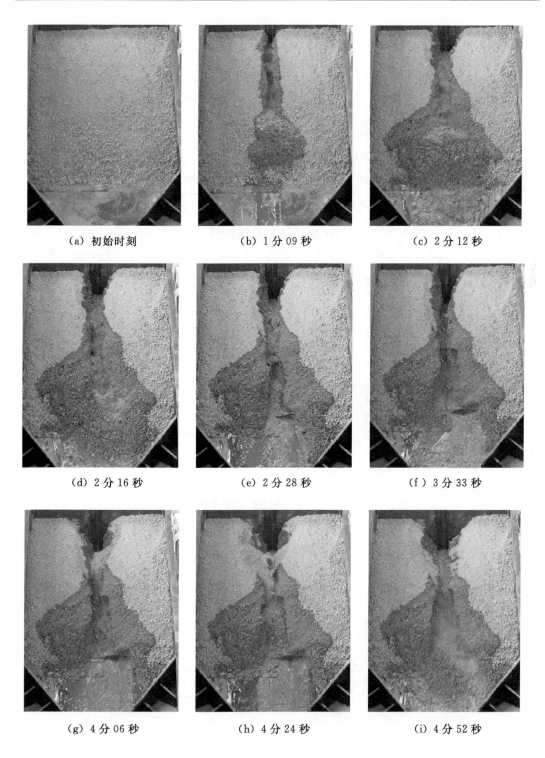

（a）初始时刻 （b）1分09秒 （c）2分12秒

（d）2分16秒 （e）2分28秒 （f）3分33秒

（g）4分06秒 （h）4分24秒 （i）4分52秒

图 7.67 泥石流启动过程

（a）第 1 次扫描（试验模型）

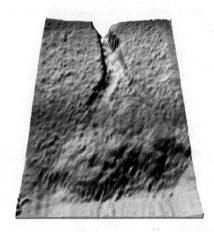

（b）第 2 次扫描（端前堆积）

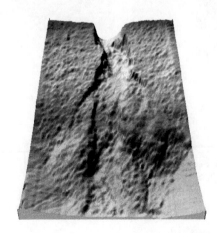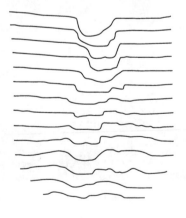

（c）第 3 次扫描（首次溃决）

图 7.68（一） 水槽材料三维模型（左）和模型等分断面（右）

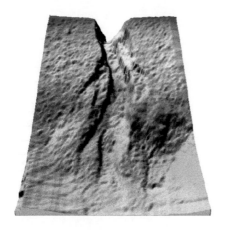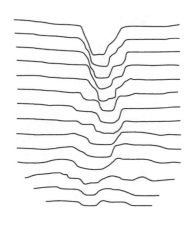

（d）第 4 次扫描（沟道深切）

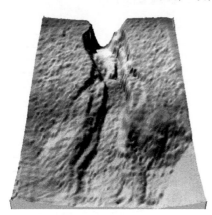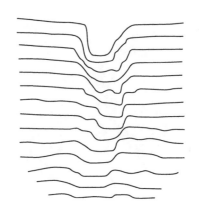

（e）第 5 次扫描（边侧滑塌）

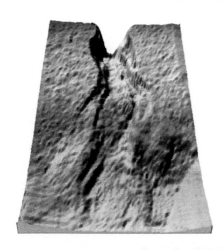

（f）第 6 次扫描（沟道中部堵塞）

图 7.68（二）　水槽材料三维模型（左）和模型等分断面（右）

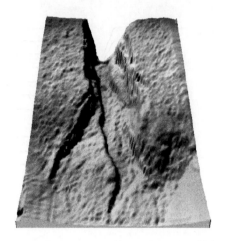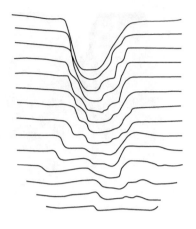

（g）第 7 次扫描（堰塞体溃决）

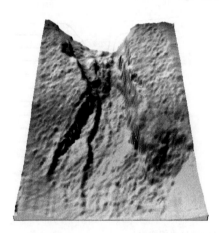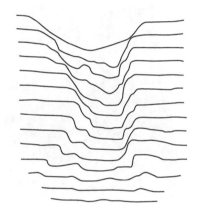

（h）第 8 次扫描（左侧大的滑塌）

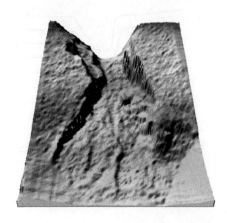

（i）第 9 次扫描（沟道通畅）

图 7.68（三） 水槽材料三维模型（左）和模型等分断面（右）

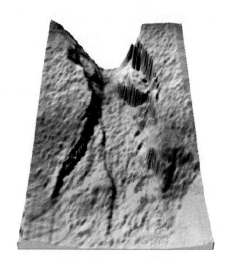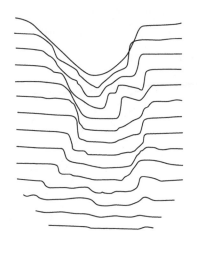

(j) 第 10 次扫描（右侧崩塌）

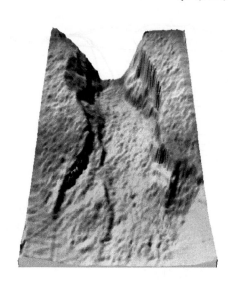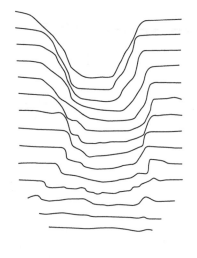

(k) 第 11 次扫描（沟道通畅）

图 7.68（四）　水槽材料三维模型（左）和模型等分断面（右）

　　阶段 4：堰塞体溃决，引发大规模泥石流。之后，水流继续下切，导致沟道揭底〔图 7.68（g）〕。

　　阶段 5：沟道揭底后，水流侵蚀表现为侧蚀作用为主。侧蚀过程导致左侧土体大规模滑塌，造成沟道堵塞〔图 7.68（h）〕。之后，水流再次引发堰塞体溃决，沟道恢复通畅〔图 7.68（i）〕。

　　阶段 6：水流继续以侧蚀为主，导致沟道右侧发生大规模崩塌，沟道再次堵塞〔图 7.68（j）〕。之后，水流继续冲刷堵塞沟道的土料，试验结束时，沟道恢复通畅〔图 7.68（k）〕。此时，沟道变得深且宽。

2）同一截面的曲线形式在 Polyworks 中，将 11 个模型曲面叠加，并对模型等间距切割处理。选取某一个切割面，由此可获得同一截面下不同阶段的沟道侵蚀曲线，如图 7.69 和图 7.70 所示。

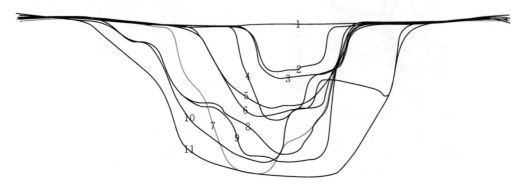

图 7.69　水槽后缘沟道侵蚀变化情况

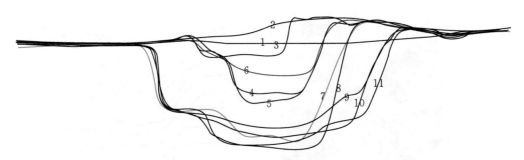

图 7.70　水槽前缘沟道侵蚀变化情况

图 7.69 和图 7.70 中阿拉伯数字表示第 N 次扫描。将所有曲线分别与曲线 1 组合，由此可以获得侵蚀沟道的截面面积。假定曲线下凹部分与曲线 1 组合形成的截面面积为正，曲线上凸部分与曲线 1 组合形成的截面面积为负，首次扫描的截面面积为 0，由此可以获得各阶段截面面积变化曲线（图 7.71）。

第 1 次扫描：首次扫描时，模型曲线大致为直线。

第 2 次扫描：试验开始，由于水流冲刷作用，后缘出现冲沟，此时沟道曲线下凹；而前缘土料堆积，造成曲线上凸。所以，后缘截面的面积为正，前缘截面面积为负。

第 3 次扫描：堰塞体首次溃决，沟道通畅。由于前缘土料的堆积，造成后缘沟道面积增大变缓。而此时前缘曲线出现下凹，所以沟道的截面面积开始增大。

第 4 次扫描：首次溃决后，后缘侵蚀主要以下蚀为主。所以，相比于曲线 3，曲线 4 宽度变化不大，但深度明显加深。而前缘侵蚀表现为下蚀、侧蚀相互作用，所以相比于曲线 3，曲线 4 变宽、变深。此阶段前后缘沟道截面面积明显增大。

第 5 次扫描：扫描时，左侧土体失稳崩塌。此时，相比于曲线 4，后缘曲线 5 宽度明显增大，深度由于土料填充沟道而变浅。由于扫描前，水流已对沟道持续冲刷一段时间，所以后缘沟道面积仍出现增大的现象。而对于前缘沟道，土体崩塌后土

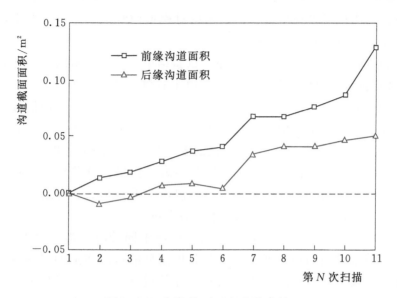

图 7.71 沟道截面面积变化曲线

料尚未被冲刷至前缘，所以此阶段对沟道变化未造成影响，沟道面积基本没有变化。通过图 7.70 可知，水流仅是对前缘沟道底部进行小范围的冲刷。

第 6 次扫描：新填充于沟道的土料被水流冲刷而下，造成土料于模型中前部位堆积形成堰塞体。此时，相比于曲线 5，后缘曲线 6 宽度不变，深度有一定程度变深。由于水流仅携带沟底的部分土料，所以面积变化不明显。相比于前缘曲线 5，由于前缘堵塞造成前缘曲线 6 出现上抬，深度明显变浅。所以，沟道前缘截面面积出现明显下降。

第 7 次扫描：堰塞体溃决，水流对沟道继续冲刷直至沟道揭底。相比于曲线 6，后缘曲线 7 左侧稍微变宽，右侧基本不变。但是水流下蚀作用非常明显，沟道深度显著加深，造成沟道面积显著增大。对于模型前缘，水流的下蚀、侧蚀作用都非常明显。所以，相比于曲线 6，后缘曲线 7 宽度和深度明显增大，导致沟道面积同样显著增大。

第 8 次扫描：在水流的侧蚀作用下，模型后缘左侧发生大范围的滑塌，造成沟道堵塞。对比于曲线 7，后缘曲线 8 左侧明显变宽，底部明显抬高。由于之前沟道已揭底，水流并未携带太多的土料，所以滑塌后截面面积基本没变。而模型前缘，仅有沟道底部部分土料被冲刷出沟道，所以，相比于曲线 7，后缘曲线 8 变深，截面面积有一定的增大。

第 9 次扫描：堰塞体溃决，沟道通畅。所以，相比于曲线 8，后缘曲线 9 仅有底部变深，沟道截面面积重新增大。而水流对模型前缘右侧土体部分侧蚀，造成曲线右侧变宽，截面面积增大。

第 10 次扫描：水流的侧蚀作用，造成右侧大范围崩塌。此时，相比于曲线 9，后缘曲线 10 右侧明显变宽并伴有一个下降的台阶。由于上个阶段滑塌的土料被冲蚀而下，所以截面面积仍表现增大趋势。崩塌对模型前缘没有影响，水流仅携带沟底部分土料。所以，后缘曲线 10 底部变深。

第 11 次扫描：沟道土料被冲刷干净，试验结束。此时，相比于曲线 10，后缘曲线 11 变得又宽且深，面积显著增大。前缘由于右侧土料部分被侵蚀，所以面积呈现小幅度的增长。通过沟道曲线对比可知，模型前后缘受到不一样的侵蚀方式。对于模型后缘，水流初期作用主要以下蚀作用为主；当沟道出现揭底，水流侵蚀作用表现为以侧蚀为主。对于模型前缘，沟道侵蚀表现为下蚀和侧蚀的共同作用。

针对泥石流的启动过程，试验中采用三维激光扫描仪分阶段对泥石流模型进行扫描，由此获得沟道的三维地质模型、沟道侵蚀的曲线形式。沟道的三维地质模型及沟道侵蚀的曲线形式描述出泥石流发生的各个过程。

通过对三维扫描数据的处理，获得同一截面不同阶段下沟道侵蚀的曲线形式。通过比较不同阶段沟道的截面面积，以此分析模型前后缘沟道的侵蚀变化情况。结果表明，水流对模型沟道前后缘表现出不一样的侵蚀方式。对于模型后缘沟道，水流的侵蚀作用初期主要以下蚀作用为主。当沟道开始揭底，水流作用开始变为以侧蚀为主。而模型前缘侵蚀在试验过程中同时受到下蚀和侧蚀的相互作用。

7.5　水电站坝址区地质测绘应用

一般而言，水电地质测绘工作具有工期紧、现场条件艰苦、地形条件复杂等特点。以黄河流域某水电站预可研阶段下坝址地质图测绘为例，介绍利用三维激光扫描技术在该水电站地质测绘中的应用。

电站下坝址地形上位于峡谷出口处，黄河流向自 NW322° 转为 SW262°，出峡谷后转为 NW301°，略呈 S 形。其中 SW262° 方向的河段为坝址所在河段，长度约 720m（底部）。两岸均为平台，顶部高程 3330.00 ～ 3345.00m。河水位 3086.40 ～ 3082.00m，河面狭窄（宽 40～70m），斜坡前缘基岩面出露高程 3310.00m 左右，基岩裸露良好，基岩坡高约 225m。两岸不甚对称。坝址区两岸山体雄厚、边坡陡峻，坡高 200～260m，自然坡角近 70°，局部坡表甚至近直立（图 7.72）。由于地形高陡地质调查人员难以到达，坡表岩体结构调查工作开展困难；且由于边坡高陡带来调查人员的人身安全问题，给现场地质调查带来极大的安全隐患。

7.5.1　坝址区三维点云数据获取

扫描使用的是加拿大 Optech ILRIS-3D 激光扫描仪，险要的地形条件为三维激光扫描仪发挥仪器优势提供了良好的条件。由于高陡边坡的可见度较好，岩石干燥，激光反射率高，扫描盲区几乎没有，个别沟坎的遮挡在几次不同角度扫描数据的叠加过程中已趋于完善。此次主要对相对典型的右岸扫描数据进行解译判读，其三维点云图像如图 7.73 所示。

三维扫描激光工作是在电站传统方式的地质测绘工作结束后完成的，但在使用 Polyworks 软件解译地质信息过程中，对已有的地质资料未做任何参考，仅做地质元素与传统方法成果的对比，以期在工作过程中发现问题、解决问题，对比结果在后详述。由于电站右岸扫描条件相对较好，扫描过程中移站的次数只有 4 次，但得到的点云数据能完美地体现右岸岩体结构及断裂发育，覆盖层分布及典型地物都能清晰可见。

图 7.72　电站坝址区地形地貌

图 7.73　电站下坝址右岸扫描点云数据

在电站下坝址右岸的扫描成图中，每一步解译都是遵循地质测绘的规程规范进行，包括覆盖层解译、断层裂隙的解译及松动卸荷岩体等范围的确定。由于当时扫描仪设备受限（没有专业的彩色测绘相机配合），对岩性分界线未作判别，具体主要是二长岩（$\pi\gamma_5$）和变质砂岩（$T_{2-3}-S_s$），因此预计在其他的工地可能还要遇到此类问题，岩性的判别只有在彩色信息的配合下才能分辨，如砂岩和板岩的区分问题更为突出；彩色信息如不能区别，则只有采用标靶辅助区分。

7.5.2　断层（软弱结构面）解译

在电站右岸的断层不甚发育，点云数据中断层的地表三维影像均清晰可见，加之在扫描测量的开始前对断层在照片上进行编号，基本上能够准确判读。明确判译后，在三维点云数据上确定断层特征点，其优点是比传统的方法更加真实地反映断层在地表发育的行迹，如图 7.74 所示。而传统方法是通过实测点使用作图法画出断层的行迹，而对那些产状变化比较大、微地形复杂的断层不能做到如实的反映。

扫描得到的点云中的每一个点是真实的三维数据，每一个断层的坡表行迹上经过的点都是"实测"数据，所以更接近于实际。在空间意义上每一条断层在地表出露都是一个三维的线，但由于通常使用的图件是纸介质，是二维的，形成普通的地质图要通过俯视投影。

图 7.74　断层解译成果三维图

断层调查的另一重要数据是产状量取。其产状获取方法在前面有详尽的介绍，在此不再赘述。为了更好更实际地反映断层产状变化情况，在断层坡表出露处构造多个平面来量取产状，尽可能准确获取断层产状要素数值范围，如图 7.75 所示。这与实际工作中的断层调查方法是一致的，在宏观控制和微观的判断上更加准确。断层宽度只是用一个简单的量取工具就可以解决的问题。断层影响带的判断也比较容易，可通过岩体结构、破碎程度，如有彩色信息还可根据影响带岩石风化颜色的变化情况来判断。

图 7.75　根据断层局部变化构造的两个面

但对于断层的实际测绘过程中的调查，应用三维激光扫描仪能解决传统方法的一部分工作，做到更加准确细致，但某些方面还没有办法解决。这也客观地说明三维激光扫描仪在测绘中能解决一定的问题，但不能完全代替传统的现场地质调查，比如断层盘面的粗糙或光滑程度、断层带的物质组成等，断层的性质也不能明确判断。

软件识别解译后的断层数据与 AutoCAD 使用计算机辅助设计的文件交换格式（*.dxf）实现数据接口，如图 7.76 所示。在 AutoCAD 中每一个断层是由同名图层管理的，并且都是三维数据格式。在 AutoCAD 中还需在二维俯视投影后跟踪线条使用多义线描一次，但不能使用捕捉功能，使组成线条上的点的高程都为赋 0 或者相同的值，否则线型不能修改，这也是为了与工程地质制图规范相适应。

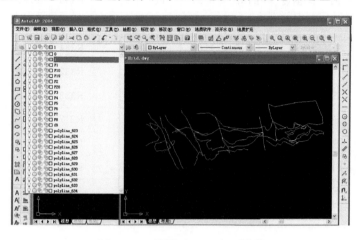

图 7.76　断层 AutoCAD 图形

为了验证三维激光扫描数据解译成果的可行性、适宜性，与传统的测绘成果 AutoCAD 图形从位置画法和产状两方面做了对比。

从图 7.77 可以看出，断层解译迹线与前期预可研阶段传统实测断层地质点基本吻合，其误差统计见表 7.3。从图 7.78 所示解译断层与实际测绘得到的断层行迹的对比可以看出，由于传统断层是用实测点定位后使用 V 形法则连接的，它依赖于地形的准确程度，普通的地形图用等高线来表示。在高陡边坡的表示上是用陡坎符号一

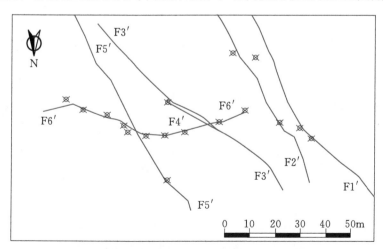

图 7.77　解译断层迹线与实测地质点关系

表7.3　　　　　　　　解译断层迹线与实测地质点之间距离统计

地质点号	误差/m	断层号	备注	地质点号	误差/m	断层号	备注	地质点号	误差/m	断层号	备注
R176	0.70	F1		R185	0.92	F6		R341	0.38	F19	
R175	1.07	F1		R186	0.07	F6		R340	0.42	F19	
R289	2.00	F2	倒坡	R187	0.91	F6		R339	0.27	F19	
R178	0.30	F2		R189	0.96	F6		R337	0.64	F19	
R293	0.01	F4		R190	1.08	F6		R334	1.45	F19	
xmB	0.47	F5		R191	0.58	F6		R332	0.69	F19	
R197	0.87	F7		R202	1.33	F8		R333	0.83	F19	
R345	0.91	F9		R203	1.55	F8		R217	1.10	F20	
R207	0.64	F9		R206	0.25	F8		R351	0.98	F20	
R211	0.15	F10		R343	1.87	F19		R352	1.30	F20	
R182	0.27	F6		R342	0.40	F19					

实测地质点与解译后断层的差距平均值为±0.75m

带而过，其至负地形根本无法表示，但在三维激光扫描仪扫描所得的点云数据，断层在高陡边坡或者负地形上都可准确显示，这样连接后的行迹更加准确，其准确程度是由于它都是由每一个"实测"地质点组成。

由于三维局部地形的影响，在生成二维投影图件时也会出现一些问题，如图7.79所示，即断层线回折的现象。一般在有负地形的地方会出现这种情况，可根据实际情况分析解决。

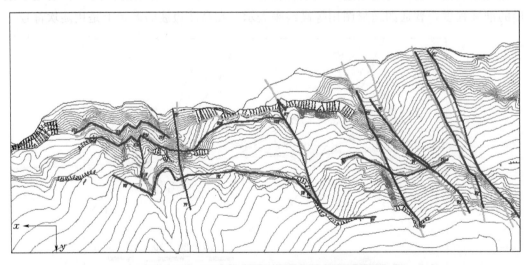

图7.78　解译断层与测绘断层迹线对比图

（红色为点云解译断层，绿色为实际测绘断层）

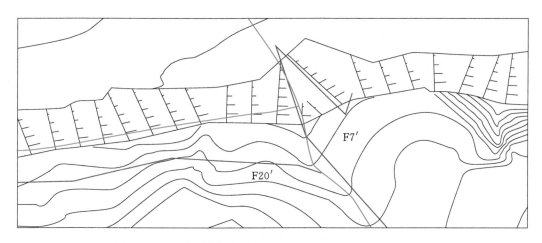

图 7.79 解译断层发生回折现象

（红色为点云解译断层，绿色为实际测绘断层）

众所周知，地质平面图的绘制是根据一定数量的地质点成果（规范要求的）、按照 V 形法则来完成的，其出露的界线和形态与地形线的精度密切相关。所以，原地质平面图与三维激光扫描解译的平面地质图在某些地形起伏比较大的部位，界线肯定会有一定的差异。

三维点云数据提取的断层产状数据与实际测绘的断层产状数据对比见表 7.4。关于断层或结构面的产状量取在前章里有详细的说明，其优点是能宏观上把握断层走向和倾角的大小，而传统的方法一般是以点代面，对于产状变化较大或者扭面的产状甚至因为无法人工量测而出现错误。对断层的量取过程中构造两个拟合平面，以期对断层的产状有一个较为客观的度量。这些工作在 Polyworks 8.0 里是一个非常简单的操作，重要的是解译人员对地质条件的认识程度和空间几何的知识。

表 7.4　　　　　　　　实际测绘断层与点云解译断层产状数据对比表

编　号	地质测绘实测产状			点云数据解译产状		
	走向/(°)	倾向	倾角/(°)	走向/(°)	倾向	倾角/(°)
F1	25～35	SE	57～65	10～31	SE	54～68
F2	20	SE	76	10～26	SE	59～79
F3	14	SE	73	12～23	SE	64～66
F4	7～24	SE	70	27	SE	62
F5	20～30	SE	69	15～40	SE	67～74
F6	282～285	NE	32	283～292	NE	25～50
F7	24～27	SE	61～82	7～13	SE	60～71
F8	30	SE	31	53～62	SE	22～31

编　　号	地质测绘实测产状			点云数据解译产状		
	走向/(°)	倾向	倾角/(°)	走向/(°)	倾向	倾角/(°)
F9	315～320	SW	75	312～314	SW	72～78
F10	16	SE	86	17	SE	81
F19	309	SW	23	340～348	SW	23～27
F20	283～285	NE	30～35	286～298	NE	23～32

7.5.3　覆盖层解译

在地质测绘中，勾绘覆盖层和基岩不整合界线也是一个重要的工作内容。在点云数据中圈定这种线条是非常容易的，这是由三维激光扫面仪的工作原理决定的，松散覆盖层和基岩对激光的反射有很大的区别；如果再有彩色测绘专业相机的配合，可以对覆盖层界线做到精细的"刻画"，对细部的反映更真实，如图 7.80 所示。

从图 7.80 中不难发现在二维投影后覆盖层的界线出现了重叠，这个问题是由于局部陡峭地形引起的，如图 7.81 所示。因为水电工程高陡边坡较多，这种问题自然就存在不少，今后工作中要注意，也要在解译中尽量做到比较恰当的处理。

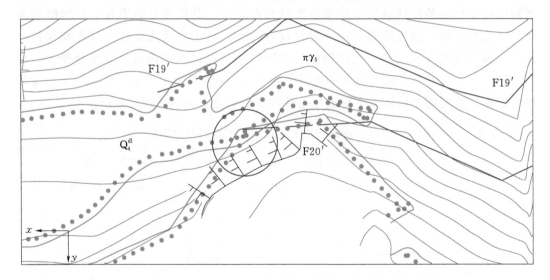

图 7.80　覆盖层解译成果图件（红圈内标明的界线出现了"重叠"）

细致的刻画也会产生一定的问题：很薄很零星的覆盖层按规范应按基岩处理，但在点云上比较难区分覆盖层的厚度。这个问题需要对坝址区的地质概况要有一定的了解，加上彩色信息的辅助予以解决，也就是说解译者一定要对坝址区的地质概况有相当的了解。断裂的解译和危岩体或者其他工程地质现象和工程问题也是一样

图 7.81 陡峭地形上的地质边界

的，任何一个新技术辅助的调查方法都不可能代替人抵达现场的工作，只能是一种可贵的方法和对传统方法的有益补充。

通过对三维数据的判译，提取了覆盖层边界的地质信息，最终成果如图 7.82 所示。为说明问题，将一幅实际测绘的覆盖层界线和用点云数据上解译而得到的覆盖层界限进行对比，如图 7.83 所示。由此可见，在点云上解译的界限和实际测绘界线基本能吻合，就是在判别标准上有所区别。实际测绘是工作人员在现场实际调查的结果，是建立在对坝址区的地质条件较为深入把握的基础之上；而解译点云的人员由于对实际坝址区的地质情况了解不够深入，加之点云数据无彩色信息，会产生一定的偏差，但基本能反映坝址区的覆盖层分布特点。

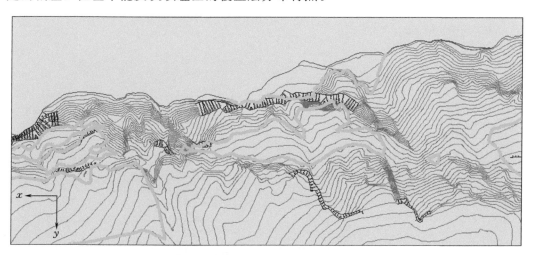

图 7.82 覆盖层界线解译成果图

179

图 7.83　实际测绘和点云解译覆盖层界线对比

（绿色为点云解译界线，蓝色为实际测绘界线）

　　在解译过程中要做到扫描数据解译人员对坝址区的条件、对覆盖层的工程意义及地质测绘规程规范有深入的了解，只有这样，所解译的范围才是准确和可信的，解译结果才能满足用图人员的需求。

第8章 地下洞室激光扫描调查技术及应用*

8.1 地下洞室三维点云数据的获取

地下空间较露天边坡而言更具特殊性，如狭窄的空间、有限的光源、复杂的施工条件、地下渗水等都将对三维激光扫描技术的应用提出考验。在这种工作条件下，更需有适宜的工作流程及方法。

众所周知，在地下洞室获取开挖空间的三维影像数据，采用三维激光扫描仪较传统摄影测量更具有灵活、便捷的特性。在地下空间三维激光扫描仪使用时应充分考虑洞室的空间形态特征及可架设仪器的位置关系，在充分了解空间分布的前提下，科学合理地布置扫描机位点具有重要意义。

对于某一洞壁三维影像的获取可参考边坡扫描工作流程，如需获取整个空间形态，则需考虑仪器架设的合理性，既要保证扫描物体点云的可拼接性，也需注意控制扫描设站次数。如果需要获取彩色信息，还要设置均匀、明亮的人工光源照亮扫描范围。总体而言，地下洞室三维空间点云数据的获取难度要大于地面数据获取，在这类空间内进行工作，更需统筹规划、合理布置、宏观把握。

在实际工程中，人工开挖的地下空间数据获取主要有以下两类鲜明的特点。

1. 地质勘探平洞、交通辅助洞等线状地下工程

这类数据的地下采集主要存在的问题包括：①获取洞内三壁空间影像要求扫描设备可大角度旋转，方便获取洞顶点云数据；②对于洞壁扫描而言，由于线性洞内空间限制一次扫描范围有限，对隧道扫描需设置更多扫描机位；③洞内空间光源影响，人工光源难以均匀布置等因素，都将直接影响彩色信息的获取，即使采用外置数码相机补充获取彩色信息，也存在后期数据量处理过大、颜色不均匀、明暗反差

---

* 本章由赵志祥、董秀军、王小兵、冯秋丰、张群共同执笔。

较大等问题。

三维激光扫描设备在地表如自然边坡或者人工开挖边坡以及崩塌、滑坡等的现场数据采集都可以通过一定办法获取合适的扫描角度，但是对于地下洞室和勘探平洞而言，数据的采集工作难度将大大增加，主要体现在以下几个方面：

（1）狭小的空间。一般而言，对于水电的勘探平硐洞径不超过 2m，延伸长度几十米到数百米，对于这样一个空间进行三维数据获取，受到狭小洞径的限制和线性展布，无疑给扫描工作和后期处理工作带来巨大的难度。

（2）自然光线不足。由于平洞延伸距离较远自然光线照明距离有限、地下洞室照明不足等因素影响，虽然激光扫描设备自己发射光源，对获取点云数据本身没有影响，但是扫描范围的确定和机位的选择都需要人工决定，这样的光线条件下给设备的操作带来了困难。

（3）地下渗水。由于洞室和平洞都是地下工程，在很多时候这些工程里面都会有渗水的情况，由于水对激光有吸收作用，导致数据效果较差，虽然距离近可以在一定程度上弥补这一问题，但始终会对数据质量产生影响。

（4）扫描设备。对于狭小空间线性工程的平洞而言，对扫描设备的工作性能和方式有特殊要求。既要扫描设备可以在近距离进行工作，同时要求扫描视角要大。比如 Optech ILRIS 扫描设备最近的扫描距离都要数米以外，这就不适合小空间进行数据采集。

（5）空间定位。数百米的勘察平洞数据特征点定位测量存在一定困难。

鉴于上述问题，要在勘探平洞中进行激光扫描的数据采集工作，需考虑以下内容：

（1）扫描范围要有基本的照明条件。基本的照明条件是为了保证操作人员识别扫描范围及安置设备等基本操作。照明可以考虑接线照明或者使用摄影器材中的无影灯等设备。

（2）对扫描设备的要求。平洞三维数据获取的扫描设备要求合适的扫描距离，最小扫描距离应在数十厘米范围内，比如 Leica ScanStation2 最小扫描距离是 30cm；扫描视场要大，最好是一个扫描测站能将周围洞壁数据全部获取；设备的架设方式最好能灵活便捷，如扫描设备旋转轴能平行洞轴线方向最佳，如 Riegl 公司的激光扫描设备。有时为了获取测量点，也可以在垂直洞轴线方向进行扫描工作（图 8.1、图 8.2）。

2. 地下三维大空间工程

地下三维大空间，如电站地下厂房、矿产地下采空区等，获取数据时仪器设备布置机位选择多样，但同样也存在一些难以克服的问题：①巨大空间照明问题难以完美解决，光线不明亮将会造成彩色信息表现不理想，由于扫描设备主动发射激光光源，因此不会对点云数据灰度信息造成影响；②地下空间条件恶劣，渗水、施工粉尘、机械遮挡都对扫描数据获取质量产生不可避免的影响；③洞内控制点坐标测量较地面困难。

图 8.1 Riegl 扫描仪在隧道中获取点云数据

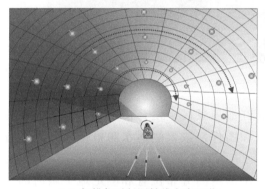

（a）扫描仪平行洞轴线方向工作

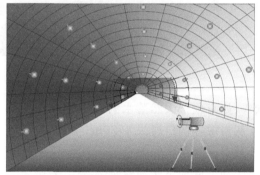

（b）扫描仪垂直洞轴线方向工作

图 8.2 扫描仪在隧道中常见的工作方式

地下大空间三维点云数据获取，虽现场工作存在大量困难，但通过合理布置扫描机位、选择适当的工作时间、尽量避免获取彩色信息而利用灰度显示等办法，仍可以获得较好质量的点云数据，提取所需的地质信息。

8.2 地下洞室空间分布特征调查

在地下工程中，如矿山坑道、铁路隧道、水工隧洞、地下发电站厂房、地下铁路及地下停车场等，经常会遇到洞顶塌陷、施工断面突泥、岩爆、软岩大变形等灾害。对于这类灾害的测绘与监测，传统手段在隧道测量中会遇到空间小、变化大、断面获取不灵活等问题，采用三维激光扫描测量技术获取其完整的地下点云模型，可以准确地进行这类灾害的地质与测量工作。另外，利用三维激光扫描技术可以获得如矿山巷道、天然溶洞等地下空间的分布情况（图 8.3）。

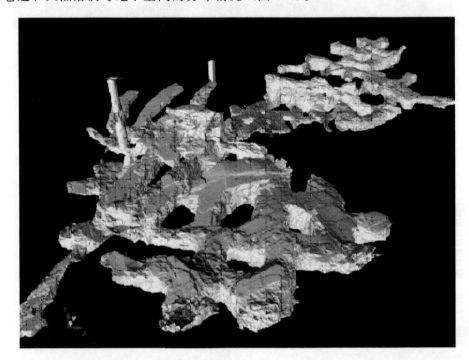

图 8.3　三维激光扫描获得的地下空间分布图

如窄颈子天然落水洞位于重庆市巫溪县红池坝景区，发育于三叠系上统的嘉陵江灰岩中，洞口海拔 1736m。根据视频资料和图件，该天然落水洞根据洞穴形态特征及形成状态将洞道分成大厅、竖井、地下河道等几个部分，见图 8.4 和图 8.5。为能顺利采取地下暗河优质水源，需确定地下暗河空间分布位置和测定地下暗河的地表投影位置。人工现场调查初步表明，从洞口沿斜坡和垂直共 23m 下降可到大厅，大厅近椭圆形，宽处 37m，窄处 15.6m。大厅西南角有消水通道，通过 180m 的垂直竖井与地下河相连。地下河道分布在落差 25m 的高程中，分布有大小不等的若干水塘和出水点，但都是地表季节性水流。高程 1500m 的地下河道是探测的目的地，河道长 25.9m、宽 2.7m，河水以伏潜状态进入地下。窄颈子洞穴落差约 236m，长度 366.2m，容积 15795.5m³。该落水洞纵深长，内壁湿滑，埋深超过 200m，常规坐标系统不好实施控制测量。

针对落水洞底部河道取水点坐标定位方案，最终采用三维扫描技术开展落水洞空间形态获取。首先，地面利用传统控制测量配合激光扫描设备进行空间定位；然后，按照落水洞深度逐步获取空间数据，直至采集整个落水洞三维点云数据，经数据拼接平差，最终建立地下空间三维形态。通过此技术方法顺利得到了地下暗河的发育分布精确位置坐标，于是在地面投影位置施以钻探工程，一次便将钻孔准确钻探到位，达到预期目的，效果良好。

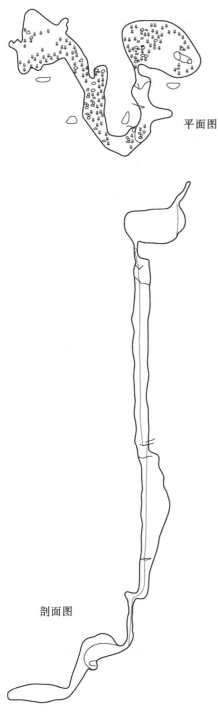

平面图

剖面图

图 8.4　溶洞平面和剖面示意图

图 8.5　溶洞内部影像

8.3　地下洞室编录技术

传统的平洞及地下洞室工程地质测绘基本上依靠人工操作，因此较为耗时费力，再加上人为因素和工具影响，其精度往往也不高。采用三维激光扫描技术，如开挖边坡地质编录一样，可以大大提高工作效率及数据成果精度。

8.3.1　洞室三壁地质信息

对于洞室地质信息的提取可参照开挖边坡三维数据的处理流程，主要区别在于三壁信息转成平面 CAD 展布图时，要分别对每壁信息（上游壁、下游壁及洞顶）分别做投影展开，从而形成平面的三壁地质素描展示图（图 8.6）。

其他与前面论述相似，就不再赘述。

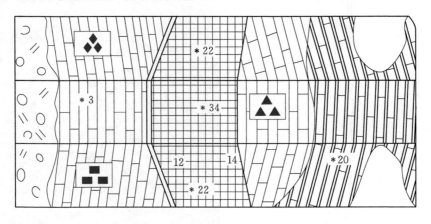

图 8.6　洞室三壁地质素描展示图

8.3.2　洞壁测量剖面

分析地下空间开挖断面的形态或现状都离不开剖面图的测量，其测量方式也是多种多样的。三维激光扫描技术已经广泛应用于这类地下空间断面的测量和调查工作中（图 8.7）。

8.3.3　特殊工程地质问题的调查

隧道工程中如渗水点、软弱夹层、溶洞、衬砌缺陷等定位调查，都可以在点云数据中得以体现（图 8.8）。

8.3.4　交通洞地质编录实例

黄河某水电站为黄河干流龙羊峡以上、海拔 3000m 以下河段水电规划的第 1 个梯级电站，工程是以发电为主，水库正常蓄水位为 2980m。

图 8.7 地下空间的断面调查

为保证电站前期建设的顺利进行，需先期修建水电站对外交通洞。交通洞全长 5.94km，主要承担施工期外来物资的运输、对外交通及后期电站的永久交通等任务。

隧道设计为单洞、双车道双向交通方式。正常段横断面设计：建筑限界采用单洞，净宽 11.5m。断面设计为三心圆，横断面组成为：行车道宽度 $2 \times 4.75m =$ 9.5m，左右侧向宽度 $2 \times 0.25m = 0.5m$，人行道宽度 $2 \times 0.75m = 1.5m$，总计 11.5m。建筑限界净高 5.3m。施工现场照片如图 8.9 所示。

图 8.8 三维激光扫描点云数据中
的隧道衬砌施工缺陷调查

图 8.9 电站对外交通洞施工现场

利用三维激光扫描技术进行隧道岩体结构特征、潜在不稳定块体以及隧道断面超欠挖情况的调查工作，故对隧道部分已开挖段处进行了三维点云数据的采集，三维扫描仪采用加拿大 Optech 公司的 ILRIS 3_6D，三维点云影像如图 8.10 所示。

三维点云数据现场采集在左右两边壁架设扫描仪，获取了交通洞全断面的三维扫描数据。从图 8.10 可知，交通洞开挖断面规则，预裂爆破效果好，其顶拱和边墙残留的炮孔、半孔清晰可见，且先期施工完成的锚杆孔在扫描数据中也有完整的显示，点云数据中可清楚测定其锚杆孔深度为 3m 左右，满足设计要求。

另外，如图 8.11 所示，针对超欠挖的调查，其中蓝色线为设计开挖线，红色线为扫描点云剖面线，品红色部位显示的为超挖部分，超挖厚度为 0.34m。绿色部位显示的为欠挖部分，欠挖 0.1m 左右。通过点云数据剖面可以快速、精确、清晰地反映出隧道施工过程中超欠挖的情况，为施工质量控制提供翔实、准确的数据。

图 8.10　交通洞隧道 K1＋868 处三维点云影像

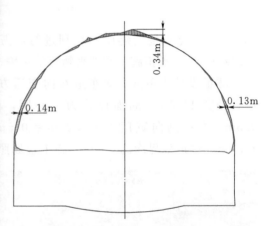

图 8.11　洞径方向超欠挖对比图
（红色为开挖线，蓝色为设计开挖线）

根据获取的三维点云数据，对隧道开挖掌子面、侧壁揭露的岩体结构面进行识别及提取，共提取结构面 222 组。

利用 Dips 进行节理裂隙统计分析，获取该段隧道围岩的最优结构面产状，统计分析结果见图 8.12。根据结构面产状赤平投影密度分布情况可知，该隧道段主要发育有 5 组结构面，倾角较小，产状分别为：①50°∠32°；②347°∠14°；③154°∠20°；④15°∠62°；⑤128°∠65°。其中以第一组和第三组最为发育，而第五组欠发育。

在以上 5 组结构面的相互切割作用下，将在隧道洞壁两侧和掌子面上形成较多的楔形块体。现运用 Unwcdge 软件进行块体稳定性分析，共发育 5 组结构面，在每 3 组结构面的切割组合下即可形成楔形块体，故共有 10 种切割组合模式（图 8.13～图 8.22），楔形块体切割情况分别如下。

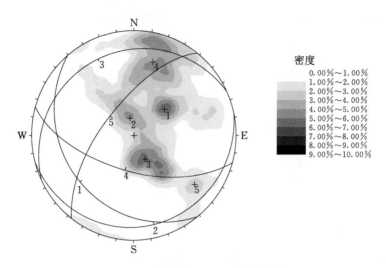

图 8.12 围岩结构面 Dips 统计分析图

（1） ①50°∠32°、②347°∠14°、③154°∠20°结构面切割。

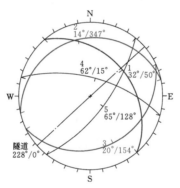

（a）赤道投影分析图

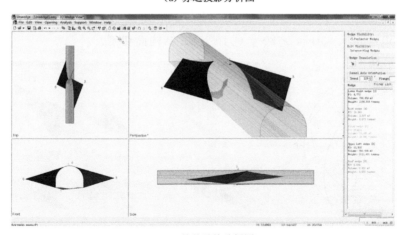

（b）块体结构分析图

图 8.13 结构面切割组合块体模式 1

189

（2）①50°∠32°、②347°∠14°、④15°∠62°结构面切割。

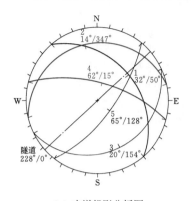

（a）赤道投影分析图

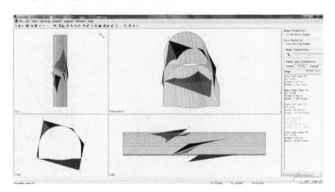

（b）块体结构分析图

图 8.14　结构面切割组合块体模式 2

（3）①50°∠32°、②347°∠14°、⑤128°∠65°结构面切割。

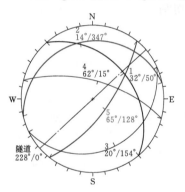

（a）赤道投影分析图

（b）块体结构分析图

图 8.15　结构面切割组合块体模式 3

（4）①50°∠32°、③154°∠20°、④15°∠62°结构面切割。

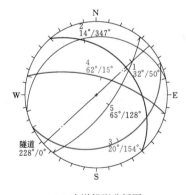

（a）赤道投影分析图

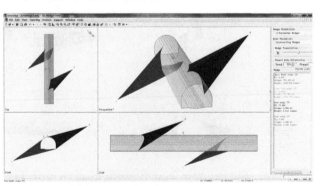

（b）块体结构分析图

图 8.16　结构面切割组合块体模式 4

(5) ①50°∠32°、③154°∠20°、⑤128°∠65°结构面切割。

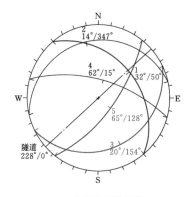

（a）赤道投影分析图 　　　　　　　（b）块体结构分析图

图 8.17　结构面切割组合块体模式 5

(6) ①50°∠32°、④15°∠62°、⑤128°∠65°结构面切割。

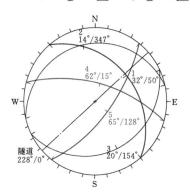

（a）赤道投影分析图 　　　　　　　（b）块体结构分析图

图 8.18　结构面切割组合块体模式 6

(7) ②347°∠14°、③154°∠20°、④15°∠62°结构面切割。

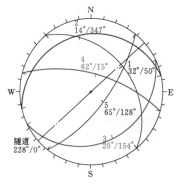
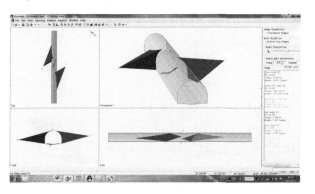

（a）赤道投影分析图 　　　　　　　（b）块体结构分析图

图 8.19　结构面切割组合块体模式 7

191

（8）②347°∠14°、③154°∠20°、⑤128°∠65°结构面切割。

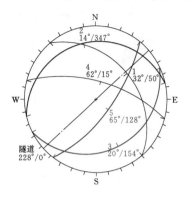

（a）赤道投影分析图　　　　　　　　　　（b）块体结构分析图

图 8.20　结构面切割组合块体模式 8

（9）②347°∠14°、④15°∠62°、⑤128°∠65°结构面切割。

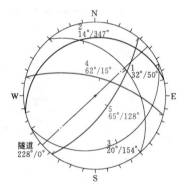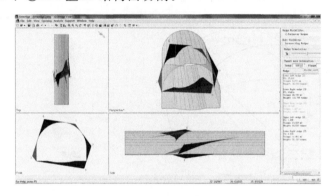

（a）赤道投影分析图　　　　　　　　　　（b）块体结构分析图

图 8.21　结构面切割组合块体模式 9

（10）③154°∠20°、④15°∠62°、⑤128°∠65°结构面切割。

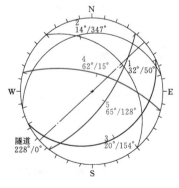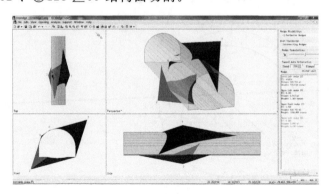

（a）赤道投影分析图　　　　　　　　　　（b）块体结构分析图

图 8.22　结构面切割组合块体模式 10

从上述分析可知，该工程交通洞结构面切割组合块体模式共有 10 种类型，主要有洞顶和两侧边墙部位的楔形体、三角块体、四方体等。从组合模式分析，一般顶拱和右边墙不稳定块体相对较多，稳定性相对较差。但由于其块体方量不大、规模较小，菱角线交切深度一般为 1～2.7m，个别块体最大交切深度为 4m 左右，但呈尖深的块体，稳定性较好，所以对于该类岩体结构的洞段，采用系统锚杆加喷护措施后，可满足洞室稳定性和安全需要。

8.4　钻孔岩芯地质编录技术

8.4.1　钻孔岩芯保存的意义

利用三维激光扫描技术获取岩芯三维数据的应用实践开展得较为全面。钻孔岩芯是地质调查工作的重要研究内容可以由此获取工程部位地下地质信息。对岩芯的描述目前采用的主要方法是现场对岩芯进行人工编录，对于数据的保存主要包括建立岩芯库和数码拍照。对于岩芯进行数码拍照可以获取岩芯性状照片，但缺点在于照片拍摄角度导致照片变形，不具备尺寸量测、编辑等功能，只能对数码图像进行定性研究。岩芯库保存岩芯使异地查询、信息提取等操作无法实现。采用三维激光扫描技术为岩芯数据保存，信息异地查询、测量、研究提供新的思路与方法。

8.4.2　钻孔岩芯三维空间数据的存储

如图 8.23 所示为某电站左岸拱肩槽物探检测孔岩芯，岩芯存放于岩芯库内。钻孔岩芯三维数据的获取，归纳起来大致可以分为以下步骤：

（1）放置于托盘内岩芯摆放端正，将岩芯标注深度等信息朝上。

（2）在岩芯托盘周围，可选择性布置标记点，为后期数码照片与点云数据贴图做准备。

（3）对岩芯数据获取数码照片，获取时应尽量从正面获取，减少数码照片因拍摄角度而引起的变形。

（4）架设扫描设备，架设时应考虑由于岩芯叠放顺序及框架影响等造成的遮挡等因素，可从两个不同方向进行三维数据获取，点云间距设置为设备最高精度。

（5）多角度数据拼接，数码照片合成贴图，获取岩芯三维点云最终数据（图 8.24）。

通过以上步骤获取岩芯三维数据，此数据可作为虚拟岩芯库数据而存储。

在获取点云数据中，可以获取完整岩芯长度，描述破碎程度等信息。还可以选取某段钻孔岩芯的点云数据，进行断面切片而进一步分析，比如统计岩石质量指标 RQD 等，见图 8.26、图 8.27。利用这些数据还可以对现场编录的岩芯资料进行复核、补充与再编辑。

图 8.23　岩芯

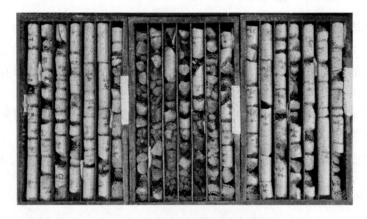

图 8.24　岩芯三维彩色点云数据

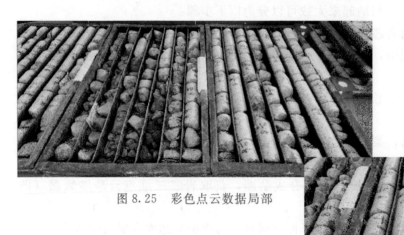

图 8.25　彩色点云数据局部

图 8.26　查询完整岩芯长度

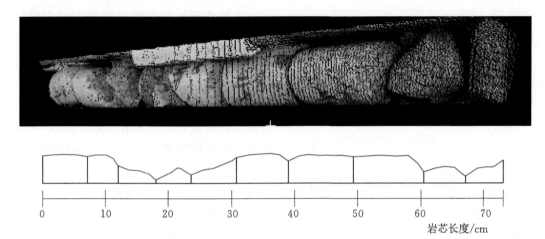

图 8.27　岩芯扫描 RQD 指标统计

8.5　隧洞围岩变形破坏调查

拟调查的变形体位于某水电站库区左岸，下距坝址约 7.2km，上距库尾约 2.3km。变形体主要由崩坡积堆积体、冰积堆积体及下部基岩杂谷脑组变质砂岩夹千枚状板岩、侏倭组千枚状板岩与变质砂岩互层构成。变形体顺河长 800～850m，横河宽 1050～1100m，前缘高程约 2510m，后缘高程约 3290m，相对高差约 780m，自然坡度 25°～45°。G317 国道改线公路从变形体下部由 1 号、2 号隧洞从坡体内部通过。2012 年开始，该变形体后缘、侧缘先后出现裂缝，前缘岸坡部分失稳，G317 国道改线公路 1 号、2 号隧洞出现严重变形，杂谷脑河大桥桥墩出现错位变形，造成 G317 国道改线公路暂时中断。图 8.28、图 8.29 为 1 号隧道内的破坏情况。

图 8.28　某水电站 1 号隧道内路面隆起破坏

图 8.29　某水电站 1 号隧道边墙挤压破碎

图 8.30　1 号隧道三维点云影像
（可见左侧边墙严重破坏）

根据变形体地质调查需要，对 1 号隧道整体进行了精细三维激光扫描点云数据的获取，2 号隧道中部变形、破坏段进行了三维点云数据的采集获取。现场点云数据采集时间为两天，采用标靶进行点云数据多站点拼接，点云采样间距控制在 4mm 左右，变形破坏严重部位甚至采样间距达到 2mm。

1 号隧道点云影像如图 8.30～图 8.32 所示，调查中切取断面布置如图 8.33 所示，断面如图 8.34～图 8.43 所示。

图 8.31　1 号隧道边墙破坏三维点云影像

图 8.32　1 号隧道地面隆起三维点云图像

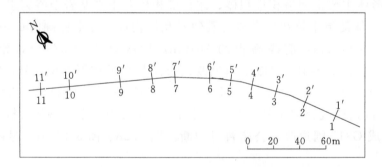

图 8.33　1 号隧道断面布置图

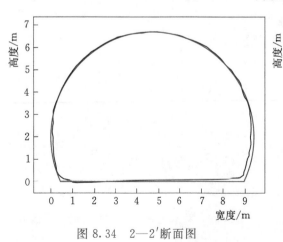

图 8.34　2—2′断面图

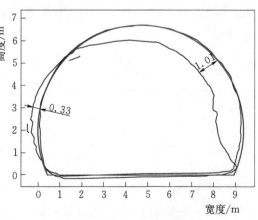

图 8.35　3—3′断面图

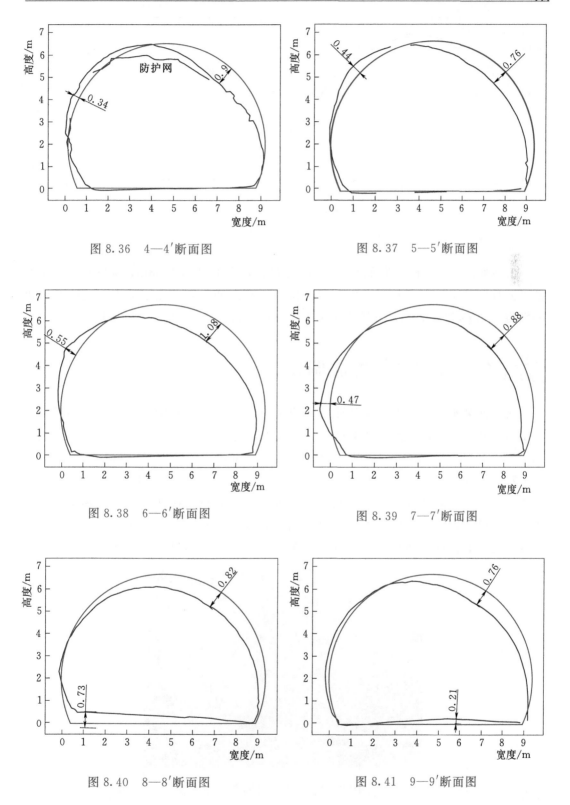

图 8.36　4—4′断面图

图 8.37　5—5′断面图

图 8.38　6—6′断面图

图 8.39　7—7′断面图

图 8.40　8—8′断面图

图 8.41　9—9′断面图

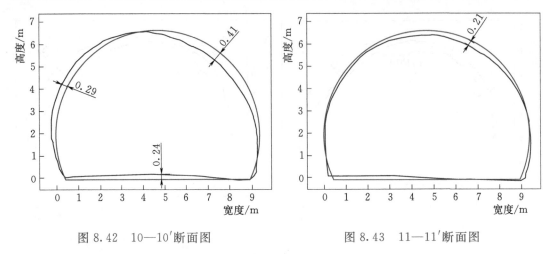

图 8.42 10—10′断面图　　　　　　　　　图 8.43 11—11′断面图

由断面图可知，隧道断面 6—6′处变形最大，变形量为 1.08m，为断面。根据扫描点云数据可知洞轴线方向发生隆起部位主要有两处，通过点云数据量测隆起高度分别为 0.80m 和 0.75m，分别距离南东侧隧道入口 61.6m 和 169.3m 处。

8.6　地下工程坍塌空腔调查

讨赖河某水电站位于甘肃省张掖市肃南县境内，属Ⅲ等中型工程，电站采用低坝引水式开发方案，为无调节电站。电站地下厂房在 2016 年 7 月 12 日 10：20 发生副厂房桩号厂横 0＋030m 处、厂房靠下游侧、顶部高程 2061m 发生塌方，塌方方量 600 余 m³，如图 8.44、图 8.45 所示。由于塌方空腔洞口在溜渣过程中自行堵塞，空腔内部形态、走向及危害程度等均未知，故需实施此空腔探测项目。具体实施方法为：根据已掌握资料，将空腔中心投影到地表以确定开孔位置，采用地质钻探方法形成直通空腔内部的钻孔，并使用三维激光探测仪器对空腔形态进行探测。

图 8.44　地下厂房塌方现场

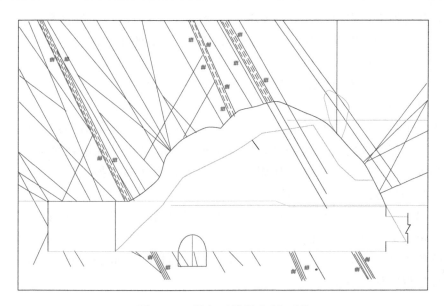

图 8.45 塌方区域纵向剖面图

发电厂房坐落在志留系早期砂质板岩夹粉砂泥质板岩之上；砂质板岩，颜色灰白～灰绿色，成分主要为中、细砂，次为粉砂，砂质结构，层状构造，岩层扭曲强烈，层理清晰，单层厚度 0.2～0.5m，岩层产状：NE81°SE∠74°，产状受断层的影响变化大，岩性较坚硬，强度较高。粉砂泥质板岩，颜色为灰白～灰绿色，成分为粉砂及泥质物，泥砂质结构；层状构造，薄层状，单层厚度为 0.05～0.2m，岩性软弱，强度低，属软岩，遇水软化及泥化。

受区域断裂及小褶皱的影响，岩层产状变化较大。厂房区经历了多期构造运动，地质构造极为复杂，断层裂隙发育。根据开挖揭露编录，按结构面走向主要发育有三组：①NW300°～320°NE（SW）∠10°～85°，数量多，其中发育较多的缓倾角裂隙，间距 25～30cm，局部 10cm，延伸长度多大于 10m，胶结较差，面平直光滑，无黏合力；②NW340°～360°SW（NE）∠58°～87°，数量较少，以陡倾角为主，多微张，局部闭合，充填岩粉岩屑，未胶结，面平直光滑；③NE80°～NW285°SE（SW）∠45°～86°，数量多，以层面裂隙为主，间距 10～25cm，顺层延伸，胶结差，面平直光滑，无黏合力。

探查工作主要包括钻孔探查和用三维激光扫描空腔区。首先，采用工程钻探的方法找到空腔的具体位置。勘探工程主要采用 WT200 型动力头式车载钻机，辅以单管卡簧取芯技术，对空腔进行钻探验证。施工完成勘探孔进尺 61m，其中 25m 见基岩，53m 见空腔，钻探过程中详细记录钻探进尺的快慢、卡钻、埋钻、掉钻及岩芯破碎等情况。其次，采用三维激光扫描空腔区，最终得到空腔区的形态、方位等参数。

对施工场地周边及地下厂房塌方处进行现场调查，主要包括以下内容：

（1）掌握地下厂房塌方处空腔大小，待探测空腔下方洞口的位置及形态。

（2）掌握围岩裂隙发育程度及顶板的稳定性，溜渣的物理性质。

（3）掌握地下厂房的支护状况。

（4）掌握施工场地周边地质环境，地表有无变形塌陷。

（5）对工程地质条件进行分析。

由于地下塌方空区的封闭，人员无法进入，同时由于测量需利用勘探钻孔进行下放测量，利用常规的测量仪器设备很难实现，即使采用钻孔电视可以观察钻孔及空区的基本情况，但是由于技术所限，视频观测无法准确掌握空区的三维信息，所以采用传统测量方式基本无法测量。

由于塌方空腔形成过程中客观产生了不规则曲面，而传统测量是在采空区范围内选取一定的地形特征点、间隔一定的距离进行数据采集（一般进行剖面测量）、然后根据这些点来进行后期计算，因此其成果的正确性主要取决于点的数量、立尺点的位置和选取的计算模型。

8.6.1　三维激光扫描探测作业

地下空腔探测采用专门针对地下狭小空间的三维激光扫描仪，探测作业如图 8.46 所示。

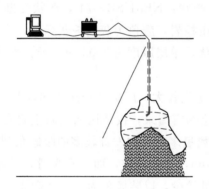

（a）地下空腔探测示意图　　　　　　　（b）扫描工作现场

图 8.46　地下空腔三维激光扫描探测

探头前端配置有微型摄像机，在探头下放过程中可实时观察钻孔中的情况，如孔壁是否变形从而影响继续下放，孔内积水情况等，并保证设备的安全。在探头进入空区后，由摄像机反馈回来的图像可以指示探头伸入钻孔的深度，为扫描工作开始前选择合适的位置。

8.6.2　施工过程

1. 现场扫描

现场测量人员分为两组，一组负责探头下放工作，一组负责通过地表控制箱实时查看探头下放处的孔内情况，为探头下放做指导。

2. 数据处理

将扫描数据导出，进行建模工作，并进行成果提取整理。

8.6.3 三维激光扫描数据分析

根据钻孔勘探情况可知，塌方空腔的掉钻初始位置为53m，掉钻深度为8m左右。为直观探测该采空区的形态大小，通过钻孔下放三维激光扫描仪进行扫描。将三维激光扫描探头下到钻孔深度为57m的位置，使扫描探头进入坍陷空腔区位置，设置扫描方式为水平扫描，垂直方向采用2°增益角。通过设备前端摄像头显示，钻孔成型很好，钻孔内部有岩粉泥。

测量成果包括如下内容：

（1）测量所得的原始点云数据。

（2）基于原始点云数据生成的AutoCAD交换文件（∗.DXF）。

（3）空腔三维立体模型（∗.STL、∗.SRP等）。

（4）基于三维立体模型生成的AutoCAD交换文件（∗.DXF）。

（5）三轴向断面图（间隔1m）。

图示说明：Z轴指向方向为钻孔向下，Y轴为北方向，X轴为东方向。图示中心位置大致位于空腔中心半径为0.5m的范围内，距孔口57m。

通过扫描结果可以看出（图8.47），空腔形状沿东西向（长方向）形成22°倾斜的结构，可初步分析空腔处软弱带的走向沿东西向。高度为5.9m，东西向为7.9m，南北向为6.0m。由此分析，软弱带沿22°的倾斜带产生势能溜出。

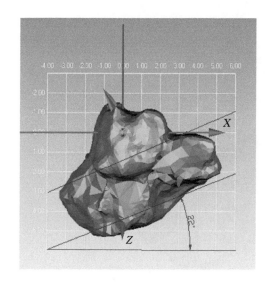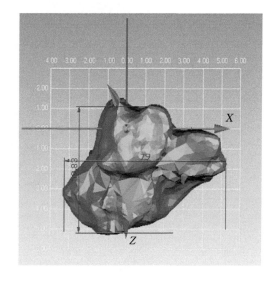

图8.47 空腔三维立体模型

　　根据原始点云数据可清楚看到（图 8.48），中间位置有部分反射点，形成了第一次溜渣后的二次岩石冒落。

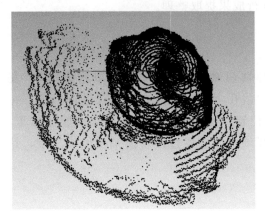
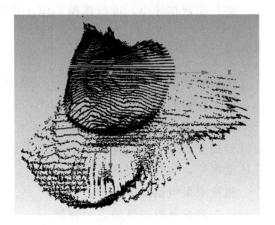

（a）原始点云俯视图　　　　　　　　　　（b）原始点云沿 Y 向剖面图

图 8.48　空腔原始点云视图

　　由原始点云数据形成的三维模型存在部分未封闭区域（图 8.49），产生此区域的原因极有可能是软弱带沿 22°方向向上部延伸，不在扫描的可视范围之内，而位于底部表现的无封闭区域可能是由于二次塌方冒落的岩石比较破碎、对激光反射率有影响而形成的，由此生成的三维模型体的空间体积亦为保守估计值。图 8.50 为空腔各方向视图，图 8.51～图 8.53 为空腔部位纵、横剖面切图。

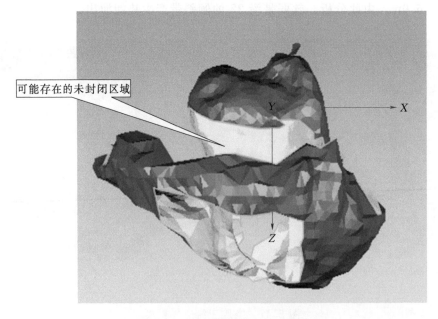

图 8.49　探测空腔未封闭区域

（a）原始点云沿 X 方向（东西向）剖面图

（b）三维模型俯视图

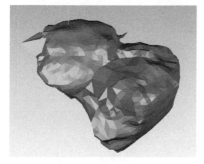

（c）三维模沿 X 方向（东西向）型剖面图

（d）三维模沿 Y 方向（南北向）型剖面图

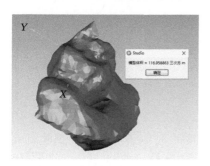

（e）三维空间体积计算结果 117m³

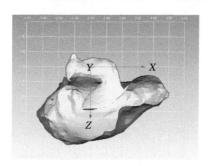

（f）沿 Y 轴（南北向）模型切割图

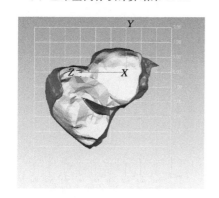

（g）沿 X 轴（东西向）模型切割图

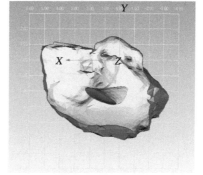

（h）沿 Z 轴（俯视）模型切割图

图 8.50　探测空腔各方向视图

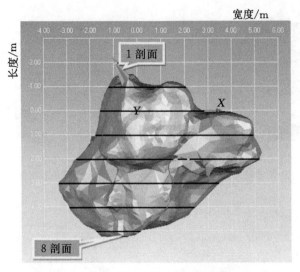

(a) 0.00m 处为测点中心位置

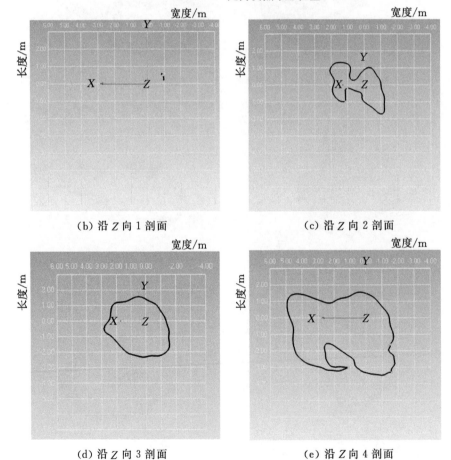

(b) 沿 Z 向 1 剖面　　　　　　　(c) 沿 Z 向 2 剖面

(d) 沿 Z 向 3 剖面　　　　　　　(e) 沿 Z 向 4 剖面

图 8.51（一）　沿 Z 轴 1m 间隔剖面

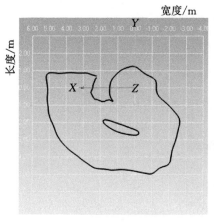

（f）沿 Z 向 5 剖面

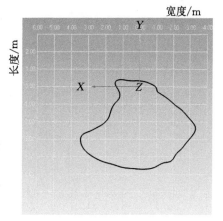

（g）沿 Z 向 6 剖面

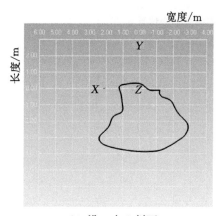

（h）沿 Z 向 7 剖面

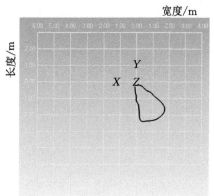

（i）沿 Z 向 8 剖面

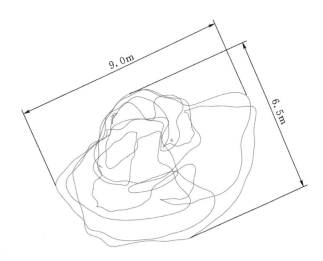

图 8.51（二）　沿 Z 轴 1m 间隔剖面

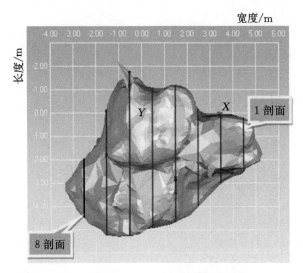

（a）0.00m 处为测点中心位置

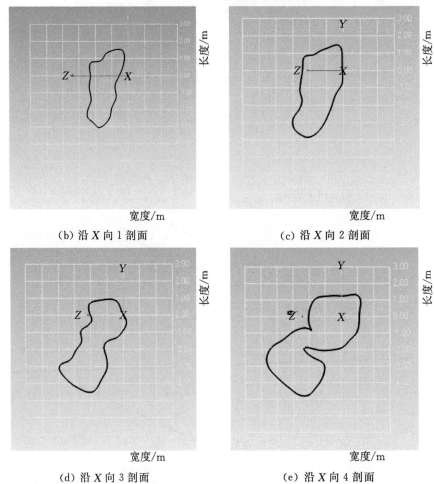

（b）沿 X 向 1 剖面　　　　　　　　（c）沿 X 向 2 剖面

（d）沿 X 向 3 剖面　　　　　　　　（e）沿 X 向 4 剖面

图 8.52（一）　沿 X 轴 1m 间隔剖面

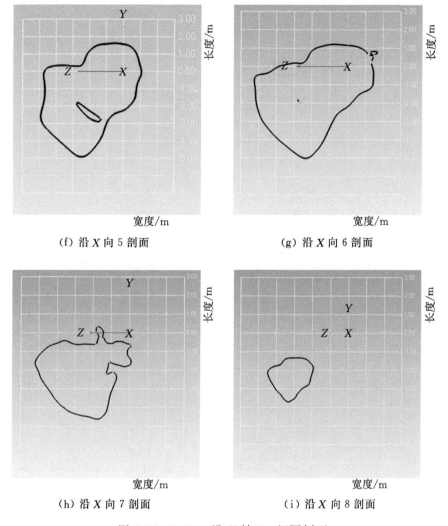

（f）沿 X 向 5 剖面 （g）沿 X 向 6 剖面

（h）沿 X 向 7 剖面 （i）沿 X 向 8 剖面

图 8.52（二） 沿 X 轴 1m 间隔剖面

8.6.4 调查结论

（1）空腔上覆卵砾石层厚度为 25m，基岩 28m 左右，基岩段裂隙、构造发育，整体的完整性、稳定性较差；在 36～38m、39～42m、50～53m 处存在有完整性相对较好的坚硬板岩层，成为保护空腔上部、支撑整个上覆岩层的关键岩层。

（2）通过扫描结果可以看出，空腔形状沿东西向（长方向）形成 22°倾斜的结构，可初步分析空腔处软弱带的走向沿东西向。高度为 5.9m，东西向为 7.9m，南北向为 6.0m，保守估算空腔体积约 117m³（可能存在未封闭区域）；如按 1.5 的碎胀系数计算，排渣量最大为 180m³ 左右，因此不能排除有其他空腔存在的可能性。

207

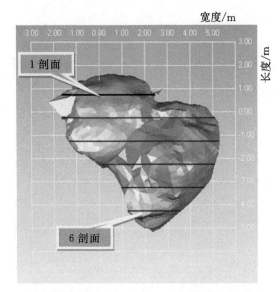

(a) 0.00m 处为测点中心位置

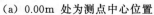

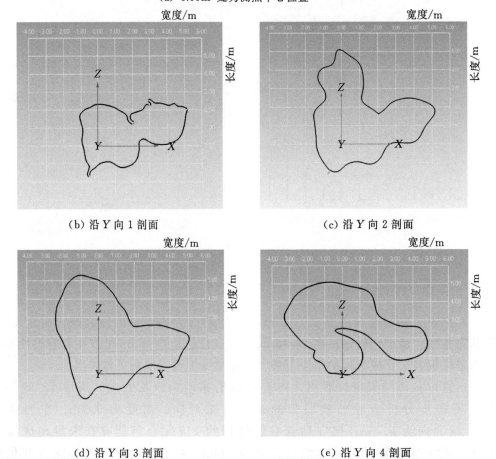

(b) 沿 Y 向 1 剖面　　　　　　　　　(c) 沿 Y 向 2 剖面

(d) 沿 Y 向 3 剖面　　　　　　　　　(e) 沿 Y 向 4 剖面

图 8.53（一）　沿 Y 轴 1m 间隔剖面

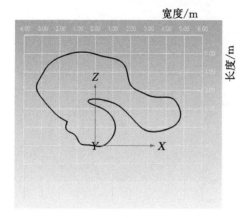

(f) 沿 Y 向 5 剖面　　　　　　(g) 沿 Y 向 6 剖面

图 8.53（二）　沿 Y 轴 1m 间隔剖面

第 9 章

三维激光扫描地质灾害监测
技术及应用*

地质灾害监测是一种减灾、防灾的重要手段，其中地表变形监测最常采用全站仪、GPS、水准测量等传统方法。采用 GPS 或全站仪测量是通过测量少量特征点来进行，其监测成果的高精度为人们所认可，但这种方法的缺点是监测点数少，需要人工安装，不能发现无监测点区域的变形情况。根据单点监测点变形部位的变化而判断局部或整体的变化存在以点概全的片面性，还存在难以准确界定变形与非变形区、高危陡峭复杂区布点无法有效实施，以及一些高速滑坡、崩塌和危岩体等突发性地质灾害的失稳破坏无法即时监测等问题。

近年来，我国地质灾害频发，应用于地质灾害监测的各种新技术越来越多。地质灾害多发于高山峡谷区，这使得一些新技术在边坡高陡、植被覆盖厚的区域无法应用。

三维激光扫描技术为地质灾害监测带来了全新的技术革命，突破了传统的点式到面式数据采集的模式，具有获取数据速度快、非接触、高密度等特点。应用该技术开展变形监测工作实现单点到面（体）的整体全维度监测，可大范围高密度获取变形体表面三维数据，判断出变形区、变形趋势及量值；尤其可对高陡山区、临界威胁大的灾害变形体等进行有效监测，及时获取变形值，在确保作业人员安全的同时大幅提高监测效率。该技术的诸多优点受到各行业领域从事变形监测研究和生产人员的青睐，得以广泛应用，因行业差异和关注重点的不同，对监测点云精度的工程要求、数据分类的利用及技术指标规范等也存在认识和需求上的差异。

---

* 本章由吕宝雄、赵志祥、董秀军共同执笔。

9.1 三维激光扫描监测的优势与差异

9.1.1 三维激光扫描监测的优势

变形监测的特点是时效性、高精度和等精度，而三维激光扫描技术的诸多优点正符合此特性，如无须事先埋设监测点，非接触，监测速度快，高密度点整体监测能反映变形总体趋势等。

（1）无须事先埋设监测点。地面三维激光扫描能够获取大面积、高密度的海量点云，可采用变形体表面物体特征形体（如建筑物、永久地物或岩体结构面）的特征信息替代设定点而实现监测。

（2）监测速度快。激光的采样点速率每秒可达到数千甚至数万点，是传统测量方式无法比拟的，可大大提高监测区域内数据采集效率，达到快速分析的目的。

（3）非接触。三维激光扫描测量无需接触被测物体即通过主动发射激光探测发射的激光回波信号直接获取物体表面的三维坐标，可以解决高陡危岩、临滑威胁大的变形体因人员难以到达、布点困难而无法获取监测数据的问题，可消除作业人员的安全隐患。

（4）高密度点整体监测。监测数据的高密度面式采集，多视监测点云确定出的变形体完整表面形态，所建立的整体三维模型叠加分析位移趋势，这些可有效避免传统监测方法变形成果表达中带有的局部性与片面性。

9.1.2 不同激光扫描监测的差异

扫描监测的目的是掌握扫描物体的变化情况，当采用不同的地面激光扫描进行目标体的监测，其在精度控制上较为严格，但往往具有重复比较性，在作业程序上具有一定的随意性。基于监测的特殊性及产品精度需求不同，扫描监测在受设站自由度限制，以及作业模式上存在一些区别，主要表现在以下方面：

（1）高精度监测需要同步采集干温、湿温、气压等气象元素，在点云数据后续处理时，对测距点进行改正归算。

（2）基于标靶拼接的扫描仪，标靶因使用用途不同，分为基准标靶和监测标靶。基准标靶必须固定安置在变形区域外围，用于扫描定向和数据拼接的定位和参考标志。监测标靶是安置在地质灾害上用于监测地表变形的标志，布设形式一般取决于地质灾害的范围大小、变形方向、失稳模式、地质环境、地形地貌特征。监测标靶的布设形状，对于一般监测为剖面线状，对于崩塌、滑坡的主滑方向和滑动范围明确的，监测标靶可布设成十字形或方格形，尤其变形量具有 2 个以上方向时，监测标靶按"剖面法"布设 2 条以上；滑动方向和滑动范围不明确时，监测标靶多为扇形；对崩塌、滑坡地质条件复杂时，监测标靶采用任意网型；对于推移式滑坡、坠落式或倾倒式崩塌，监测标靶在地质灾害体上部加密布置；对于牵引式滑坡、滑塌式崩塌，则在地质灾害下部加密布置监测标靶。

当监测标靶布设的"拟定纵向剖面"与崩塌、滑坡变形方向一致时，由中部向两侧对称布设；"横向剖面"与"纵向剖面"垂直，由中部向上、下方向对称布设。在滑坡的鼓张裂隙带、拉张裂隙带、剪切裂隙带以及崩塌顶部的拉张裂隙带、最大拉张部位、两端延展部位等，应加密布设监测标靶。

（3）地质灾害体的影像数据采集，对于一般变形的灾害，需与扫描监测同期获取；但对随时有可能发生崩塌的地质灾害体，则要及时同步采集。

9.2　三维激光扫描监测的相关问题

9.2.1　三维激光扫描监测成果的精度

大量文献中提及三维激光扫描的高精度，从表面看起来正好符合监测高精度的最大特点，但此提法是要有一定的前提条件。正如三维激光扫描技术的特点和优势不在于单点评价，主要是针对监测对象表面模型整体化而言。因激光扫描采样点间距小而获取的点云密度大，连续接近真实表面，具有整体化概念，所以认为其精度高。但这是相对于相邻点间距精度而言。即便有试验表明其整体精度可达到毫米级，但在实际应用中，因扫描仪本身精度及复杂环境局限性因素，如激光扫描仪的测距精度、测角精度、测距距离远近、目标表面粗糙度、激光信号反射率、反射强度、入射角度等，导致了单点误差累积达到厘米级甚至更大，因而无法满足精密变形监测的要求。

监测工作因监测对象或专业、部门的不同，其监测目的（监视性监测、应急性监测和专业级监测）不同，对其监测成果的精度认识和要求也不同。不论是出于哪种监测目的或是对高精度传统单点监测成果综合分析补充，其精度能满足工程监测需要最为关键。所以，在实际操作时，要尽可能地提高精度，应采取适当方式给予补偿以满足工程监测要求，并应采取如下措施：

（1）优选合适的扫描仪。根据监测对象植被覆盖率、地表坡度、重要性与损失程度及稳定情况，确定监测精度，结合现场地形条件与监测测程选择性能指标优越的仪器，尽量采用短程测距，大范围区还应进行分区实施。

（2）每期监测使用的扫描仪及基准标靶布设方案执行必须一致，确保基准统一。扫描仪必须固定架设在观测墩上，尽量使激光垂直入射目标对象，扫描重叠度、测程及采样点间距应保持一致。

（3）对监测目标对象自身的明显特征替代变形监测单点的区域进行精细化扫描，达到提高拟合精度的目的。

9.2.2　点云数据利用问题

三维激光扫描仪发射激光，触碰到物体后反射，获取大量离散点，形成原始点云数据。这些数据包含一些不稳定点、噪点等冗余信息，需要进行合理的分类取舍。

三维激光扫描监测不同于地形等其他测量，在点云数据利用中建议将数据进行分类，分为植被及异常点、目标体表面点和地物特征点等。植被及异常点对监测工作毫无意义，应予以剔除；目标体地表表面点、地表表面固定物（如建筑物）自身特征点或对监测效能有用的点，可用于点、线、面成果处理与信息提供，应予以保留。

9.3　三维激光扫描监测的基本方法

采用地面三维激光扫描仪进行地质灾害体监测，是利用同一坐标系下相邻两期高密度的三维空间点云数据进行面状求差比较分析的过程。这里也有着两种不同的监测方法：一是海量点云中的单点监测法；二是海量点云数据的面状监测法。

9.3.1　海量点云中的单点监测法

对于三维激光扫描技术而言，单点监测主要是通过设定反射标靶，在点云数据中自动识别标靶的中心点坐标的变化来实现变形监测。这一方法虽然精度相对较高，但由于目前的扫描仪能自动识别标靶都是有距离限制的，即便是长距离扫描仪，其准确识别反射标靶的距离都不是特别远，因而这种监测方法没有体现出三维激光扫描技术高密度点云的特性，很多情况下甚至达不到全站仪测量的精度，因此并不常用。

9.3.2　海量点云中的面状监测法

地面三维激光扫描仪快速获取的海量点云数据以高密度点形成目标体表面的三维空间形态，该方法可以在统一空间坐标下对两期或多期点云数据进行比较分析。需要注意的是，点云数据获取过程中对每个三维点而言都是随机分布的，并不能对物体表面特定位置点进行坐标获取（反射标靶除外），换言之，两次扫描点云测点是不可重复的，从而不能直接获取变形。

扫描测量采用点云数据表达扫描物体表面影像，其技术特点决定了无目标的测量方式，即每次测量点获取的点云数据都不会重合。前后两期三维点云数据不能直接对比分析，原因在于这些点分布的随机性，即便是高密度的点，实际上还是有一定的间距。那么如何将两期三维点云数据进行变形分析呢？常用的有两种方法：一种方法是利用点云数据生成地形等值线图或者同一位置的断面图，利用这些特征线进行对比分析，从而实现变形的监测；另一种方法是对点云数据进行处理，进而实现变形监测。具体处理步骤为：首先选择其中一期的点云数据为基准数据，然后对这些点云数据进行模型化（三角网）处理，也就是说基准数据由点数据转化为三角网模型数据，那么原来两期的点云与点云的对比数据，就转换为三维点与三维面之间的比较，在比较的时候可以选择点与面的最短距离、沿某一轴线方向的距离甚至是指定的任一方向上的距离。从原理上讲，在点云数据密度足够的前提下，点云模型化之后的模型精度要较单点精度高。利用海量点云数据进行变形分析，不应注重单点的测量精度，而应关注趋势变化，在大面积的监测区域中，发现大变形区域和范围以及变形趋势等。

9.4　地质灾害三维激光扫描监测的内容

采用地面三维激光扫描仪对发生地质灾害的地表进行连续或定期重复的测量工作，准确测定监测标靶点或地表特征点的三维坐标；分析地表变形监测标靶点和特征点的水平位移、垂直位移等动态变化，掌握地质灾害绝对位移、相对位移的量值和方向。

以地面激光扫描仪获取灾害体表面的点云数据，分析获取地质灾害体上的点、线、面（体）多角度变形特征，掌握崩塌、滑坡等灾害体的变形方向、量级、速率等信息，为地质灾害防治方案的确定提供依据，或掌握地质灾害治理工程的效果。对不宜实施工程处理的地质灾害，监测其动态变化，为预警预报、防止造成地质灾害的发生提供可靠资料。

崩塌、滑坡在其演化过程中一般将经历产生（出现变形）、发展（持续变形）、临灾（变形加速）到消亡（整体失稳破坏）的过程。在此过程中要经历初始变形、等速变形、加速变形3个阶段（图9.1），因此，应结合变形阶段，并根据变形特征、变形速率和环境气候条件等综合因素确定扫描监测频次。

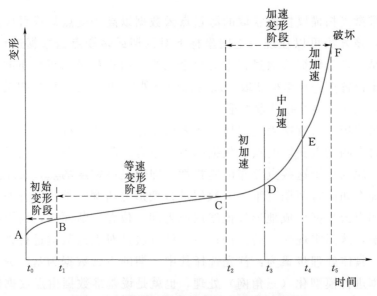

图9.1　崩塌、滑坡变形演化阶段示意图

9.5 地质灾害三维激光扫描监测技术

地质灾害地面三维激光扫描监测总体工作步骤包括任务接收、资料收集及分析、现场踏勘、编写技术设计方案、仪器和软件的准备与检查、标靶布设、数据采集、点云配准、数据处理、纹理映射、模型构建、数据提取、成果制作、质量控制与成果归档等。可在已有的大比例尺地形图及地面调查的基础上开展地面三维激光扫描监测工作。作业前编写技术设计书，作业过程中进行质量控制，作业完成后编写技术监测报告。地质灾害地面三维激光扫描监测工作流程如图9.2所示。

监测工作不同于一般性测量，监测有其特殊性，目的是发现扫描物体的变化情况，但往往地质灾害环境各有不同，需要根据地质灾害的表面形态、地形条件、扫描距离等实际情况选用适宜的地面三维激光扫描仪。一般优先选用具有双轴补偿的扫描仪，在植被覆盖率为30%~60%的区域通常选用具有多回波技术的扫描仪。

9.5.1 地面三维激光扫描监测实施要点

采用地面三维激光扫描技术进行监测时，必须固定扫描仪及基准标靶，要确保监测基准的稳定。一般情况下，扫描前应采用其他测量手段扫描测站及基准标靶，进行必要的校核。同时扫描仪需架设在带有强制对中盘的观测墩上，每期扫描站对应的基准标靶应固定且其布网方案一致，测站设置的扫描范围、测程及采样点间距等参数应与上期相同。

三维激光扫描获取的目标体点云具有随机性，并不具有唯一性或特定合作目标。因此，在有需要的单点或特征点监测数据时，需确定地质灾害体坡表的实物或虚拟监测合作目标，如构筑物及固定附属物等实体特征。

在数据处理过程中，每期点云数据处理方法、边界范围与采样间隔需要统一，同时保留关键特征点及所需点。虚拟的断面线端点需设置在地质灾害体范围外围，提取方法及参数设置保持一致，这样才能确保点、线的唯一性，同时具有分析可靠性。

9.5.2 监测数据处理与信息提供

地质灾害扫描监测经数据处理后，需要从海量点云数据中提取点、线、面（体）三种成果，用于成果的比对分析。

（1）点坐标提取。在点云数据中利用坡表构筑物、墩标等拟合建立立体模型，识别选取房屋转角点、构筑物拐角点、岩石尖角点地表特征点，手工捕获固定位置点坐标。从点云的反射强度和灰度信息中识别自然岩体结构面，重心法获取面重心点坐标，或自动拟合计算预先设置的监测特定标靶点坐标。

（2）断面线成果提取。将点云数据投影到某一固定平面上，构建不规则三角网

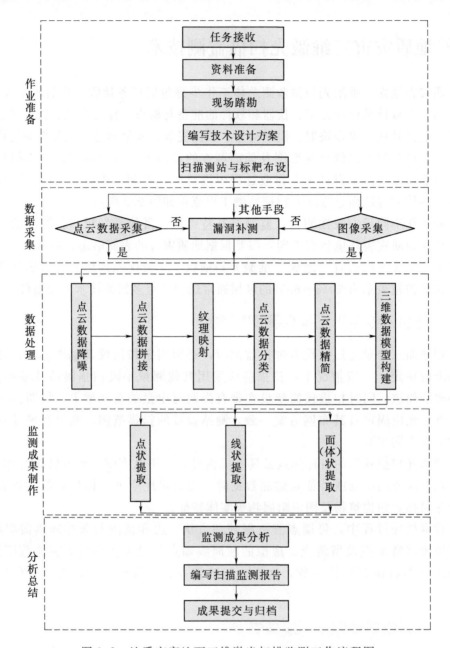

图 9.2　地质灾害地面三维激光扫描监测工作流程图

（TIN），生成等高线。采用离散点云数据建立的崩滑灾害体坡表数字高程模型（DEM）与等高线重叠的方法，实现过灾害体坡表指定位置断面线的离散高程点或线交点高程数据的序列提取，输出并绘制断面图件。

（3）点云模型化。对每期点云数据采用统一的采样间距，利用离散点云数据的几何拓扑信息，构建三角网模型，用孔填充、边修补、简化、细化、光滑处理等方法优化三角网模型，使其逼近灾害体原始形状的表面平滑模型。对于坡体表面光滑的曲面崩滑灾害体，亦可采用曲面片划分或曲面拟合方法生成模型。

9.5.3 基于监测成果的变形分析

基于三维激光扫描监测的灾害体数据分析对不确定的点云可通过模型叠加求差来实现。具体为：首期点云模型（PCM_1）作为基准模型数据，第 n 期点云模型（PCM_n）叠加在基准模型上，第 n 期点云模型上的任意点 $i(P_i^n)$ 到首期点云模型最近点 $j(P_j^1)$ 的最小距离即为变形量值 Δ_{xyz}。

$$\Delta_{xyz} = \min_{PCM_n \in PCM_1} |P_i^n - P_j^1| \tag{9.1}$$

按点、线、面的变形分析数据，对地质灾害的整体、重要分区、重点部位等位移变形量、变形速率、变形方向进行综合、定量评价。点、线成果差值侧重于重要部位细节变形速率和方向趋势，模型特征色度变化图侧重反映灾害体整体变形，可从不同矢量方向或点到面最小距离的矢量进行分析。

9.6 地质灾害三维激光扫描监测实例

9.6.1 变形体概况

某水电站变形体是世界上迄今为止发现的倾倒变形最大的水库特高库岸硬岩巨型变形体，位于黄河上游坝前右岸斜坡的顶部石门沟上游至双树沟之间（图9.3），距右岸坝前 500～1200m。岸坡区为高山深切曲流河谷，河水湍急，流向 NE50°，至坝址转向 EW 向。变形体由岸顶平台和特高岸坡组成，岸顶为起伏不大的区域性夷平缓地，岸顶高程在 2930～2950m，蓄水前相对高差达 700m，特高岸坡度 45°～60°，局部为 70°以上，陡壁、冲沟众多，地形复杂。

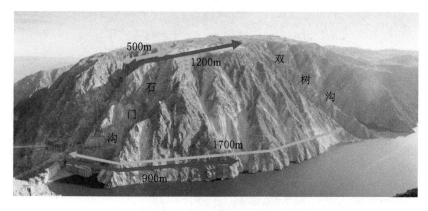

图 9.3 变形体全貌

2009 年水库初期蓄水后，变形体平台及岸坡多处形成拉裂缝，倾岸里的裂缝内侧下降、倾岸外的裂缝外侧下降，平台前缘和坡表中高高程处发生倾倒变形，低高程以完整岩体的不断解体和局部坍塌变形为主。为确保水电站安全运营，及时掌握特高岸硬岩巨型变形体的倾倒变形规律，便于有效预测其变化趋势，对变形体的活动状态进行了较全面的变形监测。

　　初期监测采用高精度智能化全站仪（极坐标和前方交会）和 GPS 技术相结合的传统监测方法，监测点具体布置见图 9.4。

图 9.4　全站仪及 GPS 监测点布置图

　　传统监测前缘具有代表性的 5 个变形点的水平、垂直位移变化趋势分别见图 9.5和图 9.6。

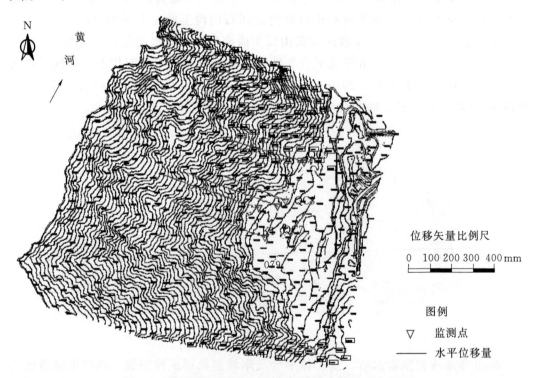

图 9.5　传统监测前缘 5 个变形点的水平位移矢量图

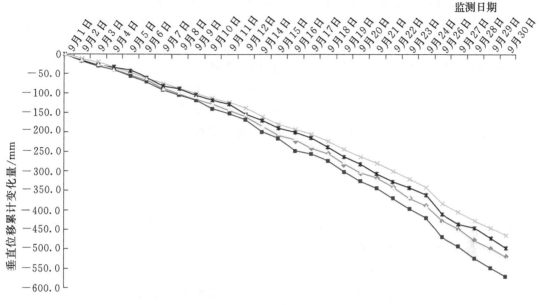

图 9.6　传统监测前缘 5 个变形点的垂直位移变化图

从图 9.5 和图 9.6 可以看出，1 个月内，前缘 5 个变形点水平位移变化累计值达 569.1～923.5mm，变化方位基本一致；垂直位移变形累计值达－570.4～－460.3mm。

从传统监测资料来看，变形体岸坡顶部平台发育数条塌陷带并发生了明显的拉裂错位，之间相对完整的岩体发生了倾倒变形，后缘陡坎下错数十米。水库蓄水后，岸坡巨型变形体持续变形，且随时间呈增大态势，前缘变形位移量值大，前缘日均变形量和月累计变形量巨大。传统监测方法获取的特征点位数据精度高，可反映构造断面线上点位的山体变化趋势，但其监测分析仅仅基于单一点位来判断。面对如此巨大的变形量，能够掌握变形体的整体变化趋势对于研究特高岸硬岩倾倒机理和安全性预估非常重要，传统监测手段具有一定的局部性和以点概全的片面性，给分析研究特高岸硬岩倾倒机理和安全性预估带来困难。尤其在蓄水初期日均变形量巨大，坡表中部拉裂、倾倒明显，下部完整岩体不断解体和局部坍塌。崩塌滚石多发，传统监测点位破坏严重，单点监测失去效能，在这种情况下传统监测手段无法实施有效的监测。因此，为了及时预测整个变形体的变化趋势，有针对性地对变形体进行治理和采取控制措施，引入最为先进的三维激光扫描技术，利用其测量的非接触性、数据采样效率高、海量点云信息量丰富等优势特点，为特高陡岸变形监测提供一种非常有效的监测手段。

9.6.2　变形体扫描方案

监测点的变形信息是相对于扫描基准点的，如果所选基准本身不稳定或基准内部不统一，则由此获得的变形值就不能反映真正意义上的变形。为了实现扫描监测成果与传统监测数据的连续性和可比性，扫描采用的监测基准点位和基准与传统监测保持一致，且精度匹配。对于变形体扫描监测盲区，在变形区域之外、扫描测程范围之内的地基稳固区增设统一基准的固定扫描工作基点。

基准点布设方案：在变形体平台后缘外围稳固的区域布设 5 个基准标靶用于平台监测，其中 3 个为监测基点，2 个为校核基点；在岸坡稳固外围布设 2 个工作基点，在黄河左岸布设 2 个基准点和 2 个工作基点，用于岸坡监测。

9.6.3　扫描实施与特征提取

采用 Riegl VZ_1000 型三维激光扫描仪对灾害变形体进行连续 10 期的追踪扫描，每期监测人员、设备及作业方案固定，采集整个灾害体的完整点云数据及坡表人为设置特定标靶（图 9.7）数据。

1. 监测点云数据采集

（1）仪器参数。监测选用 Riegl VZ_1000 型三维激光扫描仪，主要参数：测程为 2.5～1400m，发射激光束最多为 300000 个/s，测量精度在 100m 的范围内为 ±5mm，扫描角度水平方向为 0°～360°，竖直方向为 -40°～60°，采用一级激光。

（2）监测扫描要求：

1）外业扫描作业时，应避开恶劣天气，如大风、大雾、冰雪等。

2）扫描仪架设在具有强制对中的基准点或工作基点，设置统一的测程、采样间距等参数。

3）应对变形体进行精扫和重复测量。

4）采集作业时段内的温度、气压和湿度。

5）相邻站点之间的重叠区域不低于 30%，重叠区域应选在非变形体。

（3）监测数据快速采集。数据采集过程如下：

1）在带有强制对中盘的基准点或工作基点上架设扫描仪，并采用置平装置进行置平，如图 9.8 所示。

图 9.7　灾害体岸表人工特定标靶　　图 9.8　Riegl VZ_1000 型三维激光扫描仪监测

2）设定统一的扫描参数，测定输入作业时的干湿度、温度及气压，对变形体区域进行精细和重复扫描。

3）重复第2）步操作，直到完成整个变形体点云数据的获取。

2. 特征数据点提取

从每期扫描点云数据中辨识人工布设的标靶或特定特征点，先粗略标识特征位置区域，利用特征位置周围的点按拟合圆形面圆心的方法求解出其中心点的三维坐标。变形体岸坡埋设了大量的全棱镜常规观测点可作为扫描监测点使用，如图9.9所示，利用这些点采用拟合法计算出其位置的三维坐标成果，如图9.10所示。

图9.9　变形体岸坡扫描监测点

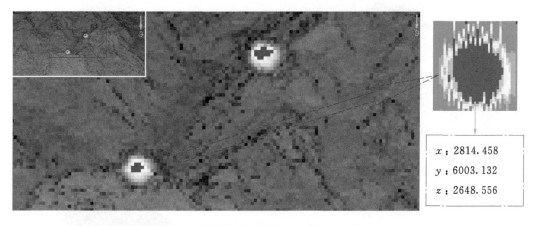

x：2814.458
y：6003.132
z：2648.556

图9.10　变形体岸坡扫描监测点（局部放大）

9.6.4　监测成果分析

1. 成果分析方法

（1）利用变形体表面已建立的白色监测桩点同一固定位置和已安装的反射率较高的反射标志；根据点云数据和形状，从扫描点云中将设置标志分辨出来，用Polyworks软件建立模型并输出模型坐标，通过比较各时段扫描数据中同一位置的坐标变化来获取变形信息。

（2）根据点云数据建立变形体的数字高程模型（DEM），统一各时段 DEM 的坐标系统，用基于模型求差的方法分析变形。DEM 是一定范围内格网点的平面坐标（X，Y）及其高程（Z）的数据集，它主要是描述区域地貌形态的空间分布。因为不同时间段的数据建立的 DEM 不完全相同，为了比较相同水平坐标点的高程变化，需要以初始 DEM 数据作为参考，将后面的 DEM 进行内插计算，即以某坐标相邻点的高程加权平均值作为该点高程。通过比较共位点的水平和垂直位移来分析变形体变形大小。

（3）将点云数据经过数据预处理、建立模型，最终得到高精度的 DEM 模型。这一过程应用三维激光扫描仪配套的软件就可以完成。将首次和末次观测得到的 DEM 模型相减，即得到整个区域对应任意坐标的下沉值，然后将区域划分成一定大小的格网，输出格网结点的大地坐标和下沉值，记为（x、y、h），即获得整个区域的下沉数据。

2. 结果分析

根据连续多期扫描获取的点云数据，拟合或自动提取特定标靶或虚拟特征点坐标成果，识别计算自然岩体面的重心坐标成果。将提取的点坐标成果与获取的表面点坐标结合，采用不规则三角网法重构边坡 0.1m×0.1m 格网数字地形三维模型（图 9.11），在模型基础上提取重点部位细部固定位置的剖面成果（图 9.12）。在研究中，为了分析研究边坡的局部细节和整体形变趋势，对相邻两期三维模型叠加求差（图 9.13），即计算出用直立方示例显示的形变色度图（图 9.14，高程下降为正，上升为负）。

（a）岸坡三维数字地形模型（201004 期）

（b）岸坡三维数字地形模型（201203 期）

（c）岸坡三维数字地形模型（201301 期）

（d）岸坡三维数字地形模型（201408 期）

图 9.11 各期次岸坡三维数字地形模型

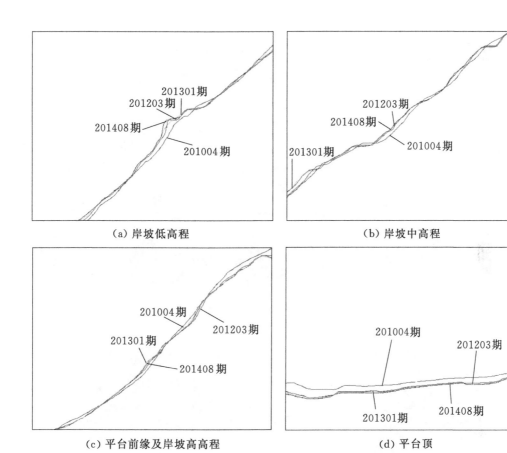

(a) 岸坡低高程   (b) 岸坡中高程

(c) 平台前缘及岸坡高高程   (d) 平台顶

图 9.12　岸坡各期次细部位变化特征剖面图

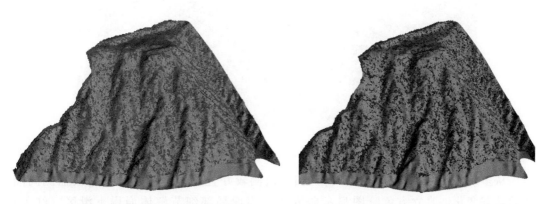

(a) 201004 期与 201203 期次比较模型   (b) 201004 期与 201408 期次比较模型

图 9.13　岸坡各期次数字地形模型叠加图

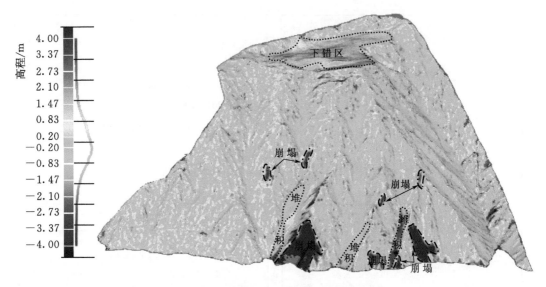

图 9.14　岸坡相邻监测期变形色度图

图 9.15　岸坡相邻监测期变形分区图

从多期点、线和模型综合分析，扫描监测较好直观地反映了研究边坡监测间隔期的动态变化。直立方色阶图显示研究边坡表面局部细节解体崩塌下滑区（红色）和碎屑堆积物（蓝色）明显，斜坡后缘高陡滑动、平台错落（黄色）显著（图 9.14、图 9.15）。该扫描监测结果可为有针对性的边坡灾害体宏观分析提供完整可靠的数据，实现了对边坡灾害体的定量监测。

3. 监测结论

初步的研究结果表明，三维激光扫描监测与传统监测在变形量值上基本一致，方法可行可靠。对类似大滑速变形体，采用该技术监测在数据获取效率和模型数据精度方面优势明显，且扫描监测数据分析是从点、线和模型进行包含关系综合评判，能够较为全面地判定变形体的变形趋势，避免传统单点监测分析的局限性和片面性，可完整掌握变形体整体变形态势，在一定程度上是对传统监测手段的有益补充。尤其在变形体急剧变形阶段，过大变形导致监测点破坏，该技术能提供视场有效测程内的、基于一定采样间距的采样点三维坐标，并具有较高的测量精度和极高的数据采集效率，满足应急临界预报要求。

第10章 结论*

　　三维激光扫描技术是最近几年发展起来的一项新兴技术，它获取数据速度快、精度高、范围大、无接触为显著特点，且设备野外搬运方便，能适应比较复杂的场景。目前，三维激光扫描技术得到了广泛的应用，包括测量领域如地面景观、复杂工业设备的测量与建模，在建筑和文物保护方面的应用，森林和农业资源调查以及在医学方面的应用等。正因如此，它的出现及不断发展与推广，给地质、测绘、岩土工程勘查信息的获取带来了新的工作手段，可以作为传统地质调查方法的有益补充。本书就是利于三维激光扫描系统的技术优势，将其获取的地质数据与传统的人工勘察方法获取的地质数据相比较，用三维激光扫描系统获取的数据比较真实可信且省时省力的结论，并将其与传统方法相结合应用于具体的工程勘察项目中。实践表明，三维激光扫描技术在岩土、地质工程领域勘测方面有着巨大的应用潜力。众所周知，地质、测绘等是一门实践性很强的学科，传统的一些技术手段对人力、物力的消耗是很大的，而且在复杂山区条件下效率不高、整体精度不佳。本书主要探索三维激光扫描技术在工程地质测绘、地质灾害调查和工程测量中的应用。

　　1. 研究成果

　　本书所做的工作及研究成果如下：

　　（1）简明地阐述了三维激光扫描技术的发展现状及应用、工作原理、误差分析，重点分析了三维激光扫描技术与其他测量技术的区别。

　　（2）对三维激光扫描技术现场数据的获取及数据后处理过程进行全面梳理及总结分析，同时对国内外扫描设备的技术指标进行了系统整理。

　　（3）通过具体的工程项目应用，系统地说明了三维激光扫描仪的野外获取数据操作流程，分析了后处理软件多所获取的海量点云数据的处理过程及处理的原因，建立了三维实体模型。

　　＊ 本章由赵志祥、董秀军、吕宝雄、何朝阳共同执笔。

（4）系统地总结和研究了三维数据配准、数据缩减、三角网构建、数据分割、曲面拟合等主要数据处理方法。

（5）对提出的数据处理方法或关键技术进行了验证，对三维激光扫描数据处理的相关内容进行了研究。

（6）利用三维激光扫描系统，对具体的工程进行扫描获取的点云数据，分析了结构面的全自动方法与半自动识别方法的差异，参考半自动识别岩体结构面的方法拟合结构面平面方程，编写了结构面产状的计算、绘制节理玫瑰花图、提取优势结构面等程序。建立的岩体结构快速辅助地质编录技术方法。

（7）研究形成了包括崩塌、滑坡、泥石流等灾害调查在内的地质勘测技术方法，并在多个工程项目及灾害应急项目中得以应用。

（8）提出了基于三维激光扫描技术在地质灾害监测中的应用方法。

2. 研究的局限性

由于著者水平及时间和其他客观条件的限制，加之研究过程中所做的工作十分有限，故此书中还存在以下不足之处：

（1）在地形测量、断面成图、岩体结构面自动分析等方面工作有限，本文只是做了初步的探索，还有巨大空间继续研究。

（2）三维激光扫描仪在地质领域中的应用相对来说还是比较有局限的。著者认为它的高分辨率是一个很大的优势，也是一个拓展应用的突破口。利用这个特点获取数据，然后提取感兴趣的点、线、面等信息，计算得出一些统计信息，利用这些信息去分析解释工程地质问题，不失为今后一个可以尝试的方向。

（3）对于岩体结构面的全自动识别，由于著者水平的限制，浅尝辄止而没有深入探索。如果能够对扫描仪所获取的点云数据进行全自动识别，并开发包括产状计算、优势结构面的自动提取、节理裂隙长度的测量与结构面迹长的分析计算等功能一体化软件，这将大大减少人为因素的影响，使获取的地质信息更为真实可信，从而更加推动三维激光扫描技术在岩土、地质工程勘察方面的应用。

（4）点云数据处理中滤波算法的工作效率、滤波成果质量和可靠性、算法的改进和优化、点云数据质量和模型质量分析方面还没有涉及，有待进一步的思考完善。三维激光扫描技术具有鲜明的技术优势和广泛的应用特征。从整体上来看，三维激光扫描技术的应用面基本涵盖地质、测绘的各个领域，该技术具有大面积、高度自动化、高速率、高精度的特点。

3. 三维激光扫描技术的推广

通过大量的理论研究和工程实践，三维激光扫描技术在推广使用中还存在诸多不足与困难，主要包括如下方面：

（1）当前，主流的三维激光扫描仪还以国外产品为主，设备价格较昂贵，难以大量普及，且国产的具有自主知识产权的三维激光扫描仪在产能、测程、精度等方面尚有较大的提升空间。

（2）三维激光扫描仪器自身和精度的检校存在困难，目前国内还无官方的精度检校机构，而且检校方法单一，基准值求取复杂，精度评定不好。今后应研究三维激光扫描仪器的性能、校正、误差的影响。

（3）点云数据处理软件的公用化和多功能化还有待进一步提高，尤其是深度的行业软件开发空间巨大。

三维激光扫描技术具有非常鲜明的技术优势，也有很强的工程适用性，应用潜力巨大，但也要认识到该技术还在不断地发展、完善中，存在诸多不足，在使用的理论、方法上还需做更为精细的归纳总结。

参 考 文 献

[1]   董秀军，黄润秋．三维激光扫描技术在高陡边坡地质调查中的应用 [J]．岩石力
        学与工程学报，2006，2S（增刊2）：3629 - 3635．

[2]   吕宝雄，巨天力．三维激光扫描技术在水电大比例尺地形测量中的应用研究
        [J]．西北水电，2011 (1)：14 - 16．

[3]   吕宝雄．基于三维激光扫描的建筑立面测绘关键技术 [J]．西北水电，2015
        (5)：30 - 32，45．

[4]   吕宝雄，李为乐，申恩昌．基于三维激光扫描的崩滑地质灾害地表监测研究
        [J]．工程勘察，2017 (8)：45 - 47．

[5]   刘宏，董秀军，向喜琼，等．用三维激光成像技术调查高陡边坡岩体结构 [J]．
        中国地质灾害与防治学报，2006，17 (4)：38 - 41．

[6]   董秀军．三维激光扫描技术及其工程应用研究 [D]．成都：成都理工大
        学，2006．

[7]   董秀军，戚万权．徕卡 ScanStation2 激光扫描仪在水电工程地质编录中的应用
        [J]．测绘通报，2011 (6)：84 - 85．

[8]   吕宝雄，赵志祥．三维激光扫描仪应用于形变监测的问题思考 [J]．地理空间信
        息，2018，16 (6)：104 - 105．

[9]   陈才明，张雷，宋浩军，等．数字地质编录中的产状量测 [J]．地矿测绘，
        2002，18 (1)：11 - 14．

[10]   吴志勇．岩体结构信息化处理及工程应用 [D]．成都：成都理工大学，2003．

[11]   马立广．地面三维激光扫描仪的分类与应用 [J]．地理空间信息，2005，3 (3)：
        60 - 62．

[12]   翟瑞芳，张剑清．基于激光扫描仪的点云模型的自动拼接 [J]．地理空间信息，
        2004，2 (6)：37 - 39．

[13]   毛方儒，王磊．三维激光扫描测量技术 [J]．宇航计测技术，2005，25 (2)：1 - 6．

[14]   郑德华，沈云中，刘春．三维激光扫描仪及其测量误差影响因素分析 [J]．测绘
        工程，2005，14 (2)：32 - 34．

[15]   马立广．地面三维激光扫描测量技术研究 [D]．武汉：武汉大学，2005．

[16]   周源．基于三维激光扫描的近景摄影测量系统的研究 [D]．郑州：中国人民解
        放军信息工程大学，2004．

[17]   潘建刚．基于激光扫描数据的三维重建关键技术研究 [D]．北京：首都师范大
        学，2005．

[18] 陶立. 彩色三维激光扫描成像系统的研究 [D]. 天津：天津大学，2004.

[19] 张兴平. 激光三维真彩扫描仪配套软件的开发及其关键技术的研究 [D]. 西安：西北大学，2004.

[20] 惠增宏. 激光三维扫描、重建技术及其在工程中的应用 [D]. 西安：西北工业大学，2002.

[21] 罗旭. 基于三维激光扫描测绘系统的森林计测学研究 [D]. 北京：北京林业大学，2006.

[22] 刘晓明. 基于实测的采空区三维建模及其衍生技术的研究与应用 [D]. 长沙：中南大学，2007.

[23] 白成军. 三维激光扫描技术在古建筑测绘中的应用及相关问题研究 [D]. 天津：天津大学，2007.

[24] 杨天俊. 三维激光扫描技术在拉西瓦水电站工程中的应用 [J]. 西北水电，2013（1）：4-6，18.

[25] 霍俊杰. 锦屏Ⅰ级水电站坝基岩体质量评价与可利用性研究 [D]. 成都：成都理工大学，2010.

[26] 霍俊杰，LOVLIE R，董秀军. 3D激光扫描工艺与锦屏Ⅰ级水电工程右岸建基面绿片岩实测迹长分布研究 [J]. 工程地质学报，2010，18（5）：790-794.

[27] 龚建江，燕樟林，史建伟，等. Riegl Z420i三维激光扫描仪在锦屏水电站引水洞开挖检验中的应用 [J]. 大坝与安全，2009（增刊）：1-7，17.

[28] 陈晓雪. 基于三维激光影像扫描系统的边坡位移监测预测研究 [D]. 北京：北京林业大学，2008.

[29] SLOB S，HACK H R G K. Fracture mapping using 3D laser scanning techniques [J]. 11th Congress of the International Society for Rock Mechanics，2007.

[30] 施星波. 基于三维激光扫描数据的岩体结构面产状识别方法研究 [D]. 北京：中国地质大学，2010.

[31] 刘昌军，丁留谦，张顺福，等. 基于激光测量和FKM聚类算法的隧洞岩体结构面的模糊群聚分析 [J]. 吉林大学学报（地球科学版），2014，44（1）：285-293.

[32] 刘昌军，张顺福，丁留谦，等. 基于激光扫描的高边坡危岩体识别及锚固方法研究 [J]. 岩石力学与工程学报，2012，31（10）：2140-2146.

[33] 刘昌军，赵雨，叶长锋，等. 基于三维激光扫描技术的矿山地形快速测量的关键技术研究 [J]. 测绘通报，2012（6）：43-46.

[34] 许智钦，孙长库，陶立，等. 彩色三维激光扫描测量方法的研究 [J]. 光学学报，2003，53（8）：1007-1012.

[35] 许智钦. 便携式彩色三维激光扫描系统的研究 [D]. 天津：天津大学，2002.

[36] 袁夏. 三维激光扫描点云数据处理及应用技术 [D]. 南京：南京理工大学，2006.

[37] 朱凌，石若明. 地面三维激光扫描点云分辨率研究 [J]. 遥感学报，2008，12（3）：405-410.

［38］ 张文. 基于三维激光扫描技术的岩体结构信息化处理方法及工程应用 ［D］. 成都：成都理工大学，2011.

［39］ 宋宏. 地面三维激光扫描测量技术及其应用分析 ［J］. 测绘技术装备，2008，10 (2)：40－43.

［40］ 孙宇臣. 激光三维彩色数字化系统关键技术研究 ［D］. 天津：天津大学，2005.

［41］ 严剑锋. 地面 LiDAR 点云数据配准与影像融合方法研究 ［D］. 北京：中国矿业大学，2014.

［42］ 齐建伟，纪勇. 地面 3D 激光扫描仪反射标靶中心求取方法研究 ［J］. 测绘信息与工程，2011，31 (1)：37－39.

［43］ 温银放. 数据点云预处理及特征角点检测算法研究 ［D］. 哈尔滨：哈尔滨工程大学，2007.

［44］ 高伟，李爱国，张素情. 三维激光扫描技术在边坡治理中的应用 ［J］. 矿山测量，2011，3：81－84.

［45］ HARRISON. Improved analysis of rock mass geometry using mathematical and photogrammetric methods ［D］. London：Imperial College，1993.

［46］ SIEKFO S，ROBERT H，BART VAN K，et al. A method for automated discontinuity analysis of rock slope with 3D laser scanning ［C］. TRB Annual Meeting，2005.

［47］ FENG Q，SJOGREN P，STEPHANSSON O，et al. Measuring fracture orientation at exposed rock faces by using a non－reflector total station ［J］. Engineering Geology，2001，59：133－146.

［48］ 聂恒卫. 基于激光测量系统的数据测量和数据处理技术研究 ［D］. 无锡：江南大学，2006.

［49］ ABELLAN A，VILAPLANA J M，et al. Rockfall monitoring by terrestrial laser scanning－case study of the basaltic rock face at castellfollit de la Roca (Catalongia，Spain) ［J］. Natural hazards and earth system sciences，2011 (11)：829－841.

［50］ COE J A. Close-range photogrammetric geological mapping and structural analysis ［D］. Colorado：Colorado School of Mines，1995.

［51］ 高珊珊. 基于三维激光扫描仪的点云配准 ［D］. 南京：南京理工大学，2008.

［52］ 谢勇辉. 三维激光扫描系统的标定自动化技术及精度研究 ［D］. 武汉：华中科技大学，2004.